油气产量递减率理论与实践

白喜俊　张宗达　著

石油工业出版社

内 容 提 要

本书从理论上探讨了适合现场生产的广义 Arps 递减理论，阐述了油气产量递减快慢与递减指数的关系，建立了瞬时递减率与年产量递减率、年产能递减率之间的联系，明确了年递减率、措施增油率、新井增油率、产能替换率、产能转化率等开发指标与年度计划方案编制、新区开发方案产量预测和方案经济效益的理论联系，形成了一套以研究递减率为核心的、完整的油气产量递减率理论。全书阐述的油气产量递减率理论，是 Arps 递减理论的延续及其向实际生产应用的延伸。

本书可供从事油气田开发工作的各级管理人员、开发规划编制工作者、油气藏工程技术人员以及石油院校师生参考。

图书在版编目（CIP）数据

油气产量递减率理论与实践/白喜俊，张宗达著.
—北京：石油工业出版社，2023.9
ISBN 978 – 7 – 5183 – 6058 – 1

Ⅰ.① 油… Ⅱ.① 白… ② 张… Ⅲ.① 油气 – 产量递减 – 递减率 Ⅳ.① TE33

中国国家版本馆 CIP 数据核字（2023）第 107517 号

出版发行：石油工业出版社
　　　　　（北京安定门外安华里 2 区 1 号楼　100011）
　　　　　网　址：www. petropub. com
　　　　　编辑部：（010）64210387
　　　　　图书营销中心：（010）64523633
经　　销：全国新华书店
印　　刷：北京中石油彩色印刷有限责任公司
2023 年 9 月第 1 版　2023 年 9 月第 1 次印刷
880 × 1230 毫米　开本：1/32　印张：6.75
字数：150 千字
定价：48.00 元
（如出现印装质量问题，我社图书营销中心负责调换）

前　言

本书是将前人的技术理论实用化和工作经验理论化，研究基础来源于油气田开发实践，又服务于油气田开发生产，是一套以研究"油气产量递减率"为核心的油藏工程技术理论。它是 Arps 递减理论的延续和发展，更是其向生产实际应用的延伸。

"油气产量递减率理论"以广义 Arps 理论、年生产能力和年递减率为基础，以产量递减率为主线，紧密围绕油气田开发生产实际，从理论上探讨了适合现场生产的广义 Arps 递减理论，明确了递减指数与产量递减快慢的关系；建立了瞬时递减率与年产量递减率、年产能递减率之间的理论联系，解决了年生产能力、年递减率、年增油率的规范计算方法，是编制年度计划、中长期开发规划方案及经济评价的基础理论。

"油气产量递减率理论"以年递减率计算和应用为核心，适合于所有油气开发单元或油区、任何开发阶段的产量递减分析和年递减率指标计算，做到了把年递减率与 Arps 递减理论、产能建设、产量预测、规划计划、经济评价相结合。该理论为油气田开发研究提供了一套内容完整的全新产量预测和经济效益评价方法，极大地简化了油气田开发规划方案编制的工作程序和工作量，增强了研究结果的可靠性和生产实用性。

在《油气田产量递减率方法及应用（第二版）》（张宗达）中，针对新区开发在预测期内的产量预测与经济效益评价，只研究了指数递减规律，没有形成完善的、广义 Arps 递减理论下的产量预测与经济效益评价模型；同时，也没有涉及产量递减快慢与递减指数关系，瞬时年递减率与瞬时月递减率的关系研究，以及产能建设效果后评价方法等。所有这些遗漏与不足，在本书中都得到了补充完善和完整阐述。

目　　录

第一章 绪 论

石油、天然气是一种不可再生的自然资源。在一个油气藏投入开发以后，随着油气储量的不断采出，地层压力不断下降或含水逐渐升高。但不论是压力的下降还是含水率的升高，都将引起油气产量的下降，这就是产量递减。正是由于产量递减的存在，油气田开发工作才需要大批油藏工程师队伍和复杂的技术理论，并随着地质认识的不断深入开展井网完善、细分开发层系或井网加密等开发工作，进行注水开发或三次采油工作，周而复始地进行产能建设和投入大量老井措施，其目的就是延长油气田的开发稳产期或减缓产量递减，提高油气储量最终采收率。

第一节 油气产量递减的研究进展

对油气产量递减的研究已有百余年的历史。早期的油藏工程师认识到油气藏压力的下降会导致油井或气井产量下降，从油气井产能递减特征试图通过线性方程来拟合生产历史，从而确定生产动态数据的某些数学意义。递减率可由任意两个产量点之间所画的直线斜率来表示，或者将整个生产历史划分为一系列相同时间间隔的近似直线段，直线方程的起点对应于某一初期产量和递减率。通常，产量—时间曲线被划分为一系列斜率不断减小的直线段；另一种方式是利用差分方程和瞬时递减率来描述直线段。

R. Arnold 和 R. Anderson（1908）在研究加利福尼亚州多个油田时首次指出产量递减可与产量成恒定比例，某一特定时间段内的产量减少即定义为递减率。

Day（1909）首次在坐标纸上绘制了生产曲线，阐述了油井泄油面积的相关概念。该研究在纽约和宾夕法尼亚州油田的应用结果表明，提高油井数量并不一定能够提高整个油田的产量。

Lewis 和 Beal（1918）指出，产量递减曲线通常遵循双曲递减规律。Cutler（1924）指出，常数或指数递减曲线并不适用于所有油田。综合 14 个国家 149 个油田的产量拟合分析发现，双曲递减曲线比指数递减曲线效果更好。

Johnson 和 Hollens（1927）提出了产量损失率的概念，给出了产量损失率的增量形式和微分形式。产量损失率定义为产量与某段时间内的产量损失的比值，两个产量之间的时间间隔定义为产量损失率所对应的时间段。研究表明，常数产量损失率与常数产量递减率相对应，而恒定的产量损失率则与双曲递减方程或其他一些幂函数形式的方程相对应。

Marsh（1928）提出了产量和累计产量呈直线关系的概念。Pirson（1935）利用产量损失率的方法建立了描述指数递减和双曲递减规律的数学方程。

J. J. Arps（1945，1956）通过归纳整理前人的研究成果，得出了一套系统且具有广泛适用性的经验方程。根据递减曲线的本质差别，将其划分为指数递减、双曲递减和调和递减三种类型[1]，这就是著名的 Arps 递减理论。产量递减方程同时考虑了产量、时间和累计产量之间的通用关系。此后对递减规律的研究以双曲递减最多，研究内容主要集中在利用实际生产数据判断递减类型的方法上[2-3]。

Vance（1961）研究表明，油藏产量可以用以前某一年产量的不同百分比来表示，利用数学表达式可以给出产量变化的表达式，单位时间的倒数反映了任意两个产量对应的时间间隔，时间间隔一般为一年。

Slide（1968）建立了一种分析产量—时间数据的拟合方法，该方法与试井分析中双对数典型曲线拟合方法类似，指出了递减曲线分析的一个方向，可用来确定递减指数的分布情况。

国内在 20 世纪 80 年代初，中国科学院翁文波院士提出一个预测总量有限体系生命的数学模型，并首次用于非再生矿产资源石油、天然气的产量预测[4]。赵旭东将翁氏模型应用于 150 多个油气田[5]，并将其称为 Weng 旋回，在此之后又有不少学者做了大量研究工作，发表了数十篇文章[6-8]。但这种描述油藏开发历程产量变化的增长周期旋回理论存在误差大、计算复杂、中小规模油藏和大油区不适用等局限性，所以在矿场上的实际应用较少。

　　随着北美地区页岩油气的规模化开采，国内外非常规油气进入快速发展阶段，大量生产数据统计结果表明，非常规油气具有初期产量递减大的特点，传统 Arps 递减理论难以直接用于非常规油气产量分析。因此，部分学者在常规 Arps 产量递减方程基础上，提出了扩展指数递减、幂律指数递减和 Duong 模型等经验模型，新模型针对性较强，主要应用于非常规油气的产量递减规律分析和最终可采储量（EUR）的计算，与传统模型不能建立系统联系。

　　现代递减理论是根据地层渗流理论建立的图版分析方法。20 世纪 80 年代以后，在单相非稳定流解析解（Van Everdingen 和 Hurst 方法）基础上，根据生产过程的流动期，将产量递减曲线划分为不稳定流动段和边界控制流动段，并绘制成多种典型图版以表征产量或归一化产量随时间变化规律，发展出不同于 Arps 产量递减分析的现代产量递减理论，其中具有代表性的有 Fetkovich 和 Blasingame 等方法[9-11]。现代递减理论降低了产量数据波动的影响和曲线识别的多解性，将渗流理论模型复杂化和精细化，同时引入了大量的数学方法和计算机算法。与传统的动态分析方法相比，现代产量递减分析法通过建立典型图版，实现了对生产动态数据的定量分析，分析范围扩展到包括早期的不稳定流和后期的边界流的整个流动阶段，既适用于变产量也适用于变井底流压生产情况，考虑到随压力变化的气体的 PVT 性质和储层的应力敏感性，利用多条曲线来辅助拟合，降低了分析的不确定性，提高了结果的准确性。与传统递减理论相比，现代递减理论与渗流机理高度结合，具有较强的渗流力学依据，与试井分析在理论基础和方法方面都有许多类似之处，主要用于油气产量预测和计算油气地质储量、可采储量，还可以计算相关地层参数。其特点是影响因素较多，参数选取复杂。

目前，在国内外的油气田产量递减研究中，最具代表性、有生产实用价值的仍然是 Arps 递减理论。可以说，以往对产量递减的研究始终没有突破对递减过程的认识局限，甚至把研究时间范围从递减过程扩大到油气井或油气藏的整个生命周期[4]，如此宏观的研究范围，必然导致其理论与现场生产的脱节。

Arps 递减理论在实际生产中的应用，同样存在理论与实际不相适应的问题，比较典型的就是其理论中定义的瞬时递减率与后来在实际工作中发展起来的年递减率指标的关系问题、递减条件与递减指数的有效范围问题、产量递减快慢与递减指数关系问题等。这些问题在递减率理论之外还没有人进行过系统的研究。同时，随着投入开发对象（油气田）储层物性的不断变差，单井自然产能越来越低，机械采油井增多，措施增产量比重增大，不论是单井或区块的开发过程，都难以用简单递减曲线来描述，因此，可用递减理论来研究的单井和油气藏越来越少。如何把递减理论用于指导多油气藏组合的开发单元、油气区的产量递减研究及年度生产运行安排等，是现场油藏工程师们非常关心和亟待解决的问题。文献［12–14］就是针对递减理论在实际生产中的应用进行的尝试。

油气产量递减率理论的最大特点是：在继承递减理论传统

用法的基础上，把研究时间范围从递减过程缩短到一个递减阶段，把油气田的开发历程按年度进行阶段化，把每一个年度作为一个递减阶段来研究，并以现行油气田开发数据库中的产量构成数据和单井月度数据为基础，统一阶段递减率计算方法，剔除阶段内新井投产和老井措施对产量的影响，把真正有效的广义 Arps 递减理论用于指导各种油气藏、油气田或油气区以年为阶段的老井产量递减分析和年递减率指标的计算、分析和应用[15-18]。

总体来说，传统的 Arps 产量递减理论需要的数据少（有油气产量数据即可），分析方法成熟、简单实用，而且分析预测结果较为可靠，适用于油气井单井、油气藏、油气区块、油田、油气区和石油公司的产量和可采储量的分析预测。而现代产量递减分析需要的数据较多（需要油气藏参数、井筒参数和压力等数据），计算较为复杂，一般需要软件，主要适用于单井、油气藏和区块。由此可见，Arps 递减理论因其简单、实用、可靠的特点，仍然有强大的生命力和巨大的应用价值，特别是在常规油气藏开发规律研究，以及较为宏观的油气战略规划、计划研究中得到广泛应用。

第二节　开发历程阶段化与产量构成曲线

在递减理论的传统应用中，分析数据的时间阶段起点和长度是可以任意选取的，这也是油气藏动态和单井动态分析中最常用的分析方法。但这种任意选取的阶段生产数据，可能包含了新井产量的影响；即使是选择同一批投产井，其产量数据也一定受到了措施增产量的影响，从而使得产量变化规律性差，无法进行有效的产量递减分析与预测。

对一个开发单元如何进行阶段划分，才能够既方便地剔除新井投产和老井措施的影响，又能充分利用现有的开发数据体系呢？

中国油气田开发现行的开发数据体系结构直接为开发阶段的划分提供了依据。首先，开发数据既提供了一个断块、油藏、油田或油区每月一点的产量数据，同时又提供了以年度为开始点和结束点、并以年度为循环周期的老井产量数据、措施增油量数据和新井产量数据，由此可以很方便地从油气藏、油气田或油气区的产量数据中剔除新井投产或老井措施的影响，剔除这些影响因素后的老井自然产量曲线，其规律性也会大大提高，每个年度内的老井自然产量递减都得到了较为真实地再现（图 1-1）。

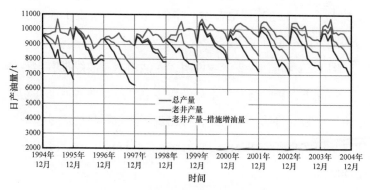

图 1-1 油田产量构成曲线图

从图 1 - 1 可以看出，油田在每个年度内的老井自然产量曲线变化规律性都较好，老井综合产量曲线变化规律性相对就较差。但即使是油田的自然产量曲线，也在一定程度上受到人为因素和生产运行方式的影响。一个油区为了争取年度生产的主动性，往往要求在上半年 181 天的时间内完成 50% 以上的产量任务，而下年 184 天的时间完成不到 50% 的产量任务，由此造成老井产量递减趋势往往是偏大的。但这种偏大的情况是年年如此、重复出现，已经形成一种统计规律和系统误差。因此，对年度产量递减的研究和年递减率的计算可以按系统误差对待。

同时，递减率理论研究产量构成的目的不是对老井递减规律进行认识，而是为了计算以"年"为阶段的年递减率指标，建立年递减率与递减理论之间的联系；通过 Arps 递减理论对年度老井产量曲线或老井自然产量（即老井产量—措施增油量）曲线进行回归分析，来帮助确定一个合理的年度起点产量（图 1 - 2），即标定日产水平，并以此计算年递减率。这样就扩大了 Arps 递减理论在生产中的适用性，实现了递减理论与现场生产的更好结合。

图 1 - 1 和图 1 - 2 清楚说明，在油田产量曲线没有出现递减的情况下，剔除新井产量后的年度老井产量曲线或老井剔除措施增产后的自然产量曲线，都出现了非常明显的产量递减规律，从而实现了利用 Arps 递减理论在稳产或上产阶段研究产量递减的目的。

油气田产量是各种地质因素、人为因素共同影响后的结

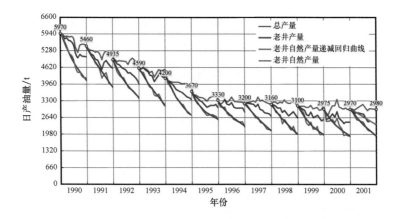

图 1-2 年度自然产量曲线回归与起点产量标定结果对比图

果，递减率理论直接用产量研究年递减率、用年递减率预测产量，不但方法简单，而且结论可靠，并极大地简化了产量预测的工作程序和工作量。

第三节 递减率理论核心

递减率理论提出用年度产量构成曲线来消除措施和新井对产量递减分析的影响，真实再现老井产量的递减规律，计算老井的各项年度递减指标，通过对递减率指标的计算、分析、对比和应用，达到对油田开发进行宏观控制的目的。

一、理论技术构架

以油气产量递减率为贯穿主线，结合油气田开发生产实际需要，建立年递减率与递减理论（瞬时递减率）、产量预测、产能建设工作量预测、开发经济效益评价和开发后评价的理论体系，为油气开发生产决策提供理论支撑（图1－3）。

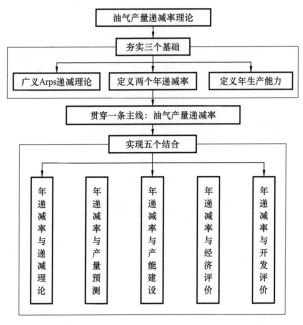

图1－3 油气产量递减率理论技术架构

1. 三个基础

三个理论基础包括广义 Arps 递减理论、定义两个年递减率、定义年生产能力。

传统 Arps 递减理论的递减指数取值范围小（$0 \leqslant n \leqslant 1$），不能满足复杂情况下的产量递减分析，更不能满足以年度为阶段的老井产量递减分析。根据递减条件建立广义 Arps 递减理论（$-10 \leqslant n \leqslant 10$），则可以适合任何油气藏、油气区，任何开发阶段的产量递减分析，从而为递减率理论建立了更加完善的理论基础。Arps 递减理论中的递减率都是瞬时递减率，瞬时递减率指标只有一个，而以年为阶段的年递减率指标一定是两个，其中：年产量递减率反映了老井在年度内递减的年产油量，年产能递减率反映了老井在年度内递减的生产能力。因此，要定义新井产能，必须首先定义老井产能。只有把新井产能建设与老井产能递减相结合，才能解决新建产能与老井递减关系问题。

2. 一条主线

以油气产量递减率为一条主线。

把油气田开发历程按年度进行阶段化，把计算年递减率指标与递减理论相结合，把年递减率与年度生产计划编制、开发方案产量预测及对方案进行经济效益评价相结合，把对每个年度递减率指标的计算、分析和应用贯穿油气田开发的全过程。

3. 五个结合

实现年递减率与递减理论、产能建设、产量预测、开发评价、经济评价的结合。

油气田开发生产中常用的年递减率指标，是衡量老井产量递减快慢的基础指标，但长期以来缺乏理论支撑，导致年递减率指标的计算方法混乱、年递减率与产能建设工作量计划脱节等严重问题，更没有涉及年递减率与油气田开发经济效益关系的研究。油气产量递减率理论通过"实践、认识，再实践、再认识"的长期探索，建立了年递减率与递减理论、产能建设、产量预测、开发评价、经济评价的理论联系。

4. 全新理论

该理论把油气产量递减率贯穿于递减理论和对油气田开发

历程过去、现在和未来的全过程研究，形成一套面向油气田开发生产、针对性强、逻辑性强、前后连贯、技术清晰的油气田开发全新技术理论。

二、三个基础问题的重要性

递减率理论要解决的三个基础问题是广义 Arps 理论、定义两个年递减率、定义年生产能力。

广义 Arps 递减理论不解决，Arps 递减理论就不能适用于各种油气藏、不同开发阶段的产量递减研究；年递减率计算方法不规范、不统一的问题不解决，就不能把年递减率指标用于编制开发规划和经济评价；年生产能力的定义和计算方法不解决，就不能建立老井产能与新井产能的对应关系，更不能把年递减率指标用于预测年度产能建设工作量。

因此，这三个问题的解决是递减率理论建立的基础，也是需要行业专家形成共识和行业标准重新规范的问题。

三、主要技术理论

1. 广义 Arps 递减理论

在递减率理论中，广义 Arps 递减理论与传统 Arps 递减理论的区别有以下两点。

（1）减指数 n 的有效范围扩大：从 $0 \leqslant n \leqslant 1$ 扩大为 $-10 \leqslant n \leqslant 10$，扩大了 20 倍。

（2）应用范围扩大：从油田开发历程的递减阶段扩大为任何开发单元的任何开发阶段。

作用：描述年度老井产量曲线上的每一个点。

应用目的：不是用理论曲线外推预测产量，而是用递减理论来回归阶段起点产量或把年度配产分配到每个月，再现其产量构成曲线，编制年度生产运行曲线。

2. 三种递减率关系

为了将广义 Arps 递减理论引入实际生产，并适用于任何开发单元、任何开发阶段产量递减分析，就必须建立递减理论与年递减率指标的理论联系，年度产量构成即可体现递减理论与年递减率的几何关系，从而建立起不同递减率之间的理论联系。

3. 年度开发计划编制与经济效益评价

以广义 Arps 递减理论和不同递减率关系为基础，引入与年产量递减率相对应的措施增油率、新井增油率指标，与稳产相关的产能替换率和产能转化率等新概念，根据产量构成原理建立的年递减率计算、年度计划方案产量预测及其经济效益评价模型，可以适合各种油气藏、油气区任何开发阶段未来年度的产量预测与经济效益评价，从而实现对年度开发工作进行宏观控制、对有效性进行经济评价的目的。

4. 开发方案编制与开发方案产量预测

以历史年度的年递减率、产能建设成本、油气生产成本和油气销售价格为基础，根据广义 Arps 递减理论建立的开发方案产量预测和经济极限递减率模型，是一种全新的开发方案产量预测与经济效益评价方法。可以实现对产能建设项目开发方案产量预测的合理性及其投资的有效性进行快速评价。

第四节　递减率理论解决的实际问题

Arps 递减理论的应用条件苛刻，在现场生产中适用性较差，应用范围有限，难以满足现代企业管理和宏观控制的要求。研究适合油田开发管理与决策的技术理论，对石油企业是极其重要的，编制符合企业实际的年度生产计划或中长期开发规划，正是实现现代企业管理的重要手段，递减率理论则较好地解决了这一问题。

（1）明确了满足递减理论和生产实际的时间单位和时间阶段。

对时间单位和时间阶段的关系认识不清是阶段递减率计算方法混乱、至今得不到统一的问题根源，也是本书研究问题的起点。递减率理论根据我国现行的油气田月度开发数据、单井生产数据体系，明确提出了满足数学理论和生产实际的时间单位只能是"d（天）"或"mon（月）"❶，时间阶段为"a（年）"。与时间单位对应的瞬时递减率为日递减率或月递减率，与时间阶段对应的阶段递减率为年产量递减率和年产能递减率。

（2）完善和深化了 Arps 递减理论，扩大了应用范围，明确了递减指数与产量递减快慢的关系。

递减率理论从生产实际应用出发，研究了递减理论与实际

---

❶ 本书中 mon 定义为月的单位英文简写。

生产的结合及应用问题。根据对产量递减条件的研究，把适合产量构成递减分析、满足递减条件的递减指数范围从 $0 \leqslant n \leqslant 1$ 扩大到 $-10 \leqslant n \leqslant 10$，称为广义 Arps 递减理论。传统 Arps 递减理论（$0 \leqslant n \leqslant 1$）对具体油田的开发历程分析是适用的，递减指数 $-10 \leqslant n \leqslant 10$ 的广义 Arps 递减理论则可广泛用于时间段较短的产量递减分析（如年度产量构成中的老井产量递减分析）。递减率理论在完善传统递减理论的同时，把 Arps 递减理论的应用范围从单井或单一油气藏的递减阶段扩大到了任何开发单元的任何开发阶段，更加符合油气田开发生产实际。

递减率理论阐述了递减指数与初始递减率之间的变化关系，明确提出了产量递减快慢与地质条件、递减指数的关系：地质条件越差、递减指数越大；递减指数越大、初始递减率越大；初始递减率越大、初期年递减率越大、评价期内累计产量越低、开发效果越差。根据这个思路，还可以在广义 Arps 递减理论下建立全过程的递减指数与地质条件的关系模型，用以指导未来油气田开发方案编制和开发效果评价。

（3）阐述了三种递减率的概念、几何意义和物理意义，建立了三者间的相互换算关系。

一个递减过程必然出现两种不同的递减结果，所以描述阶段递减率的指标一定是两个。

递减率理论把一个递减过程和两种递减结果归纳为三种递减率：把代表递减过程的 Arps 递减理论归纳为初始递减率，把两种递减结果定义为年产能递减率和年产量递减率。以初始递减率代表的 Arps 递减理论描述了产量递减曲线上的每个点，年产能递减率是描述阶段末点生产能力相对于起点生产能力的递减，阶段产量递减率是描述阶段内累计产量相对于起点生产能力的递减。阶段递减过程在平面上形成一个曲边三角形，其中初始递减率代表的是曲线斜边，产能递减率代表一个直角边（即阶段的末点与起点关系），而产量递减率代表了曲边三角形的面积。这样，三种递减率在平面上就构成了点、线、面的几何关系。两个年递减率指标正好体现年度稳产需要的产能建设工作量和新井当年产油量。

在以年度为阶段的时间阶段内，三种递减率研究的阶段起点是相同的。建立不同时间单位制下年产能递减率、年产量递减率与初始递减率三者之间的相互换算关系表达式，就可以把动态分析中回归分析得到的初始递减率方便地转换为年递减率来使用或对比，根据老井实际生产数据回归确定标定阶段起点产量，根据年度配产和年递减率编制年度生产运行曲线等。

（4）统一了对新井、老井生产能力的定义和计算方法。

根据产量构成原理，可以把一个油气田在某时刻的生产能力理解为老井自然生产能力、措施增加生产能力和新井补充生产能力之和，所以新井或老井生产能力的概念应该是完全一致的。而油气田在任一时刻的正常日产水平或理论曲线上的日产水平，就是该时刻生产能力的体现。因此，递减率理论把油气田某时刻的老井日产水平和新井日产水平统一用"生产能力"来表述，这样就统一了生产能力的定义和计算方法，形成了生产能力与年递减率的理论联系。

年产能递减率和年产量递减率正好可以定量计算各级开发

单元保持年度稳产需要的产能建设工作量和新井当年产油量。

（5）建立了适合年度生产计划编制与经济效益评价模型。

根据产量构成原理，用递减率理论进行规划决策，就是通过对历史产量构成的递减分析、当前年度分析、未来年度产量和工作量预测三个主要工作步骤，将油气田当前生产动态与开发历史和潜力资源、储量资源相结合，达到定量或定性判断油气田产量的未来变化趋势、进行油气田产量预测或宏观控制的目的。

实现稳产需要的新井产能建设工作量的多少是由老井递减率的大小决定的，产能建设费用与老井产能递减率（或老井产量综合递减率）直接相关。根据油气生产完全成本、产能建设成本和国际油气价格，对年度计划方案进行投入与产出的定量研究，从而实现了对年度计划方案的经济效益评价分析。

（6）建立了适合开发方案产量预测与经济评价模型。

根据试采井动态分析、同类油藏类比相结合，运用广义Arps递减理论，建立的产能建设项目开发方案产量预测模型，可以较为可靠地对开发方案在预测期内每个年度的生产能力、年产量和累计产量进行预测，还可以对年产量递减率、年产能递减率等开发指标进行预测。

根据不同的原油销售价格、吨油生产成本和产能建设的勘探开发成本，可以解决一个新的产能建设项目在将来是否可以有效收回投资的问题，这就是开发方案在预测期内的经济极限递减率理论。当开发方案的年递减率小于经济极限递减率时，开发方案的投资是有经济效益的。

第二章 油气产量递减率理论基础

在油气田开发生产工作中，非常注重对产量递减指标的计算与统计分析。目前，国内常用计算递减率的方法较多，不同计算方法在概念上又没有加以区分，计算指标统称为"递减率"。正是这些没有强调时间阶段性和基本时间单位的计算方法和"递减率"，影响了人们对递减率的正确认识和递减率指标的正确应用。

递减率有阶段递减率和瞬时递减率之分，阶段递减率描述至少是两个点以上的时间阶段，而瞬时递减率是单位时间内的产量变化率，只描述了一个时间点，不能把瞬时递减率作为阶段递减率指标来使用。递减分析中以天（d）或月（mon）为基本时间单位，以年（a）为时间阶段，对应有以"d"或"mon"为时间点的瞬时递减率和以"a"为阶段的年产量递减率和年产能递减率。

第一节 递减率定义及表达式

一、递减率的定义

J. J. Arps 在 1945 年发表的递减理论中，将递减率定义为单位时间内的产量变化率。其表达式为：

$$d = -\frac{1}{q}\frac{\mathrm{d}q}{\mathrm{d}t} \qquad\qquad (2-1)$$

式中　d——瞬时递减率，d^{-1}或 mon^{-1}；

　　　q——月度日产水平或月平均日产油量，为月产油量除
　　　　　以当月日历天数，t/d；

　　　t——时间，对于以年度为阶段的递减率统计，$t \leqslant 12\mathrm{mon}$
　　　　　或 $t \leqslant 365\mathrm{d}$（闰年为 $366\mathrm{d}$），mon（月）或 d（天）。

　　显然，这是一种瞬时递减率，是该时间点的切线斜率与该点产量的比值。

　　在 Arps 递减理论中，研究阶段的生产时间单位为月，即数据点是 1 月 1 个。因此，t 只能取基础数据点对应的时间单位，即式（2-1）定义的是月递减率，单位为 mon^{-1}。Arps 理论的三种递减规律也是对式（2-1）在不同条件下进行积分得到的。其中，当 d 为常数时积分得到指数递减，当 d 随时间变化为线性关系时，积分得到双曲递减和调和递减。

　　在国内油田开发数据库中，基础数据点都是 1 月 1 个，所以回归分析中出现的递减率是月递减率，这也是油藏工程理论和开发分析中最常见的递减率形式。

　　目前，国内各种油藏工程书籍和相关技术文献中，对时间单位的理解偏差较大，认为递减生产阶段的时间单位可以取 mon（月），也可取 a（年），对应产量为 t/mon 或 t/a，相应的递减率（d）就可以定义为月递减率（mon^{-1}）或年递减率（a^{-1}）。现今的各种文献或论文中涉及的年递减率，其

本质上都是以这种瞬时递减率形式出现的。这种用时间单位定义年递减率的方法，一是对于式（2-1）不能满足数学上微积分的基本假设（自变量单位足够小），二是这种递减率一定也是瞬时递减率，不是阶段递减率。

由于式（2-1）是产量对时间的导数，亦即是产量函数的微分与自变量时间的微分之商（即微商）。那么，t 应该采用"年、月、日"的哪种时间单位才能既尽可能满足微分的数学定义、又能满足油气田开发生产实际呢？这个问题留在本章第四节讨论。

二、递减率表达式

在前人研究成果的基础上，J. J. Arps 把产量递减规律归纳为三种递减类型，即指数递减、双曲递减和调和递减。描述 Arps 递减方程的通式就是双曲递减表达式：

$$q_t = q_0 \left(1 + n d_i t\right)^{-1/n} \tag{2-2}$$

式中　q_0——开始发生递减时的初始月度日产水平，或称为标定日产水平，对于油田产量单位是 t/d，对于气田产量单位是 $10^4 \mathrm{m}^3/\mathrm{d}$；

q_t——递减发生后第 t 月的日产水平，单位同 q_0；

n——递减指数，取值范围是 $0 \leqslant n \leqslant 1$；

d_i——初始递减率，d^{-1}、mon^{-1} 或 a^{-1}。

在后来的部分油藏工程文献中，把递减指数 n 扩大为 $-\infty < n < \infty$，称为广义 Arps 递减理论，但并没有阐述这种广义 Arps 递减理论的实际应用问题。研究发现，虽然 $-\infty < n < \infty$ 时

的函数关系式成立，但其理论曲线在不同的 n 值时形态不同，可能会出现产量递增的情况而失去研究递减的意义，或出现产量为负数的情况而背离生产实际，所以这种对递减指数的无限扩大是不科学的。

特别注意的是，当以"月（mon）"为时间单位时，各种油藏工程文献中的 q_0、q_t 代表的都是月产量，而不是日产水平，这也引起递减理论在用于产量预测时出现偏差。

当 $n = 0$ 时，式（2-2）简化为指数递减关系式：

$$q_t = q_0 e^{-d_i t} \qquad (2-3)$$

当 $n = 1$ 时，式（2-2）简化为调和递减关系式：

$$q_t = q_0 (1 + d_i t)^{-1} \qquad (2-4)$$

人们通常称之的双曲递减规律，其递减指数范围是：$0 < n < 1$。

传统 Arps 递减理论的主要关系式见表 2-1。

表 2-1 传统 Arps 递减理论表达式

递减类型	递减指数	月递减率与时间关系式	产量与时间关系式	累计产量与产量关系式
指数递减	$n = 0$	$d_t = d_i = $ 常数	$q_t = q_0 e^{-d_i t}$	$N_p = \dfrac{q_0 - q_t}{d_i}$
调和递减	$n = 1$	$d_t = d_i (1 + d_i t)^{-1}$	$q_t = q_0 (1 + d_i t)^{-1}$	$N_p = \dfrac{q_0}{d_i} \ln \dfrac{q_0}{q_t}$
双曲递减	$0 < n < 1$	$d_t = d_i (1 + n d_i t)^{-1}$	$q_t = q_0 (1 + n d_i t)^{-1/n}$	$N_p = \dfrac{q_0{}^n}{(1-n) d_i}$ $(q_0{}^{1-n} - q_t{}^{1-n})$

注：N_p 为累计产油量，t 或 10^4t。

根据月递减率与时间的关系式：当 $n = 0$ 时，月递减率为常数；当 $n > 0$ 时，月递减率随时间的延长而减小。

在表 2 - 1 月递减率与时间关系式中，不论是初始递减率或各时间点的瞬时递减率，描述的都是产量曲线在该时间点的切线斜率与该点产量的比值，都是瞬时递减率，它代表的是 Arps 递减理论，只具有数学意义，不能作为油气田开发指标来使用。

三、递减率的几何意义

为了使讨论的问题更具直观性，把数学中的 x、y 变量用产量递减中的 t、q 变量进行替换。在图 2 - 1 所示的直角坐标系中，假设函数 $q = f(t)$ 的图形是满足 Arps 递减理论的一条曲线。对于某一固定的 t 值，曲线上有一个确定点 q，当自变量在 t 处有微小增量 Δt 时，就得到曲线上另一点 $(t + \Delta t, q + \Delta q)$。过点 (t, q) 的切线倾角为 α。从图 2 - 1 可知：

$$\mathrm{d}q = \Delta t \tan\alpha \qquad (2 - 5)$$

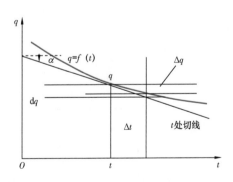

图 2 - 1　微分的几何意义

显然，Δt 是 t 的微小增量时，dq 是切线在纵坐标的相应增量，而 Δq 才是曲线在纵坐标的微增量，当 $\Delta t \to 0$ 时，$dq \to \Delta q$。

通常把函数在 t 处切线的微增量 dq 称为函数在 t 处的微分，把自变量 t 的增量 Δt 称为自变量的微分，记为 dt。产量曲线在 t 时间点的导数定义为：

$$f'(t) = \lim_{\Delta t \to 0} \frac{f(t + \Delta t) - f(t)}{\Delta t} \qquad (2-6)$$

根据导数的几何意义，产量曲线在 t 时刻的导数就是该点的切线斜率，即

$$f'(t) = \frac{dq}{dt} = \tan\alpha = k \qquad (2-7)$$

也就是说，式（2-1）定义的递减率在其数学意义是产量递减曲线在该时间点的切线斜率与该点产量的比值，即

$$d = \frac{1}{q} \frac{dq}{dt} = \frac{k}{q} \qquad (2-8)$$

它是一种瞬时递减率，它与任何形式的阶段递减率都是不同的。阶段递减率描述至少两个点以上的时间阶段，而瞬时递减率只描述了一个时间点，并且是描述产量曲线在该时间点的切线斜率，只具有理论意义，本质上它就是 Arps 递减理论，所以不能把瞬时递减率作为阶段递减率指标来使用。

根据 Arps 递减理论，对于递减指数 $n > -1$ 的所有递减曲线，都是呈凹形的曲线，始终有 $dq > \Delta q$；而对于递减指数 $n < -1$ 的所有递减曲线（在矿场生产中较少出现），都是呈凸形的曲线，始终有 $dq < \Delta q$。而且，这种误差会随着 Δt 取值的

增大而增大。这就是利用微积分方法预测产量与实际运行之间存在误差的根源，这也是用"年（a）"作为时间单位会出现较大误差的重要理论依据。

第二节　现行阶段递减率计算方法

一、产量递减阶段的划分

递减理论认为，油气田开发是一个从兴起，经过成长、成熟再到衰亡的过程。表现在产量的变化上，就是在开发初期产量逐渐上升，达到高峰或稳定在某一水平上，然后下降，直至开发结束。在产量时间图上呈现出产量上升、产量稳定、产量递减三个开发阶段［图2-2（a）］。对于不同的油气藏类型和开发方案部署，并非所有的油气藏都是完整的三个阶段，有的油气藏可能没有稳产阶段［图2-2（b）］，或没有上产阶段［图2-2（c）］，或上产、稳产阶段都没有的情况［图2-2（d）］，但无论如何都应该有产量递减阶段的存在。当油气产量进入递减阶段后，可以根据递减阶段的实际产量变化判断递减类型，确定递减参数，建立描述递减规律的相关经验公式，利用理论曲线外推的方法预测未来的产量。因此，传统递减理论只适用于研究油气田开发历程的产量递减阶段。

二、阶段递减率计算方法

目前，国内油气田开发系统中，比较常见的计算阶段递减

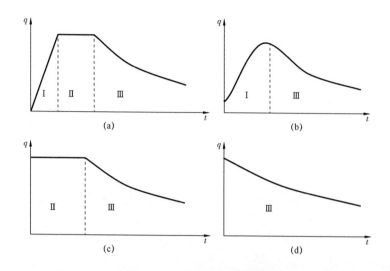

图 2-2 油气田开发模式图

Ⅰ—上产阶段；Ⅱ—稳产阶段；Ⅲ—递减阶段

率的公式有：

$$D = \frac{q_0 - q_t}{q_0} = 1 - \frac{q_t}{q_0} \qquad (2-9)$$

$$A = \frac{q_0 \sum T - Q_t}{q_0 \sum T} = 1 - \frac{Q_t}{q_0 \sum T} \qquad (2-10)$$

$$D' = \frac{Q_0 - Q_t}{Q_0} = 1 - \frac{Q_t}{Q_0} \qquad (2-11)$$

$$D'' = \frac{\overline{q_0} \sum T - Q_t}{\overline{q_0} \sum T} = 1 - \frac{Q_t}{\overline{q_0} \sum T} \qquad (2-12)$$

$$D''' = \frac{Q_{0t} - Q_t}{Q_{0t}} = 1 - \frac{Q_t}{Q_{0t}} \qquad (2-13)$$

式中 q_0——开始发生递减时的初始月度日产水平，或称为标定日产水平，对于油田产量，单位是 t/d，对于气田产量，单位是 $10^4 m^3/d$；

q_t——递减发生后第 t 月的日产水平，单位同 q_0；

t——时间，对于以年度为阶段的递减率统计，$t \leqslant 12 mon$ 或 $t \leqslant 365 d$（闰年为 366d），月（mon）或天（d）；

D，D'，D''，D'''，A——不同计算方法 $0 \sim t$ 月的阶段递减率；

Q_t——年度老井在 $0 \sim t$ 月的阶段累计产量，对于油田产量，单位是 t 或 $10^4 t$，对于气田产量，单位是 $10^4 m^3$ 或 $10^8 m^3$；

T——第 t 月的日历天数，d；

$\sum T$——$0 \sim t$ 月的累计日历天数，单位是 d，全年为 365d 或 366d（闰年）；

Q_0——计算单元在上年度的年产量，单位同 Q_t；

$\bar{q}_0$——上年度平均日产量，单位同 q_0；

Q_{0t}——计算单元在上年同期的老井年累计产量，单位同 Q_t。

上述计算阶段递减率公式中，式（2-9）在各类油藏工程书籍中都可以查到，其理论含义是阶段末期产量与阶段起点产量的比值，也是国内外公认的阶段递减率计算方法；式（2-10）是原能源部开发司在 1983 年颁布的计算阶段递减率理论，其理论含义是阶段累计产量与阶段起点日产量不递减条件下理想产量的比值，属行业标准规定的计算阶段递减率理论，但未得到油藏工程理论权威和各油气田开发企业的广泛认可；式（2-11）是由式（2-9）演化来的，含义是计算年度老井产量与上年度总产量的比值，相当于是以"年"为时间单位，把1年作为1个数据点进行的递减率计算；式（2-12）则是参考式（2-11）和同期对比方法演化来的，理论含义为阶段累计产量与上年度平均日产量乘以阶段日历天数的比值，它其实就是式（2-11）；式（2-13）理论含义为阶段累计产量与上年同期老井产量的比值，虽然分子分母都是老井产量，但不同年度的生产井数不同。式（2-11）至式（2-13）是目前各油区在生产中自行采用的阶段递减率计算方法。

对于这些阶段递减率的计算公式，其分子不是年度内的老井产量或老井自然产量，就是老井年末日产水平，这是没有争议的。但问题在于分母，也就是对比的基数如何选取，这是问题出现的根源，也是本书研究问题的起点。

第三节　时间单位与时间阶段

一、时间单位

根据本章第一节阐述的导数、微分基础，为了尽量减小 dq 与 Δq 之间的误差，在对油气生产数据采样时，时间 t 的单位（即采样间隔）显然是越小越好。且当 $\Delta t \rightarrow 0$ 时，有 $dq \approx \Delta q$。

要衡量 Δt 取值是否合理, 只要看 $(\Delta t/t)$ 是否足够小, 即 $(\Delta t/t)$ 是否趋于 0。

但是, 实际生产管理中不可能做到如此精细, 即使是油气井自身的产量变化都不是一种简单的下降曲线, 而是处于时时波动之中。但这至少说明, 在满足现场生产实际的前提下, 基本时间单位应该越小越好。

在油气田开发管理中, 每月都要按时向上级管理部门上报单井月度生产数据和区块月度开发数据。在这些数据体系中, 基本时间单位是月; 但在各基层单位的井史档案中, 都保存有每天 1 个点的单井生产数据, 这类数据的基本时间单位是天 (d)。总之, 在油气田开发数据体系中, 出现的最小时间单位只有 "d" 或 "mon"。

那么, 这两种时间单位是否能够满足微积分的数学基础呢? 要回答这个问题, 就必须大致了解研究对象可能存在的时间长短, 即 t 的取值范围, 也就是油气井的单井寿命或油气田的开发生产期。

一般来说, 一个油气田的有效开发期在 60 年左右, 而油气井的寿命则只有 10 ~ 20 年。所以, 在对油气田进行产量递减分析时, 时间 t 以 "d" 或 "mon" 为单位应该都是可行的; 在对单井进行产量递减分析时, 以 "mon" 为时间单位, $(\Delta t/t)$ 的比值小于 1%, 出现的预测误差应该也是可以接受的。如果以 "d" 为时间单位, 就可以更接近微积分条件, 预测误差会更小。因此, 针对油气藏、油气井的开发分析, 时间 t 的单位取 "d" 或 "mon" 对生产分析都是可行的, 但以 "d" 为单位的应用效果更切合数学理论。

在许多油藏工程书籍和现场应用中，有不少以"a（年）"为时间单位进行递减分析和产量预测的情况，对于油气井寿命只有 10 ~ 20a、油气藏开发历程约 60a 的有限区间内，（$\Delta t/t$）→0 显然是不成立的，产量预测误差也会较大。

为了增强产量递减分析和累计产量预测结果的可靠性与生产实用性，在做产量递减分析与预测时，尽量不用或少用 a（年）为时间单位。也就是说，不要采用 1 年 1 个数据点来做产量递减分析与预测。

二、时间阶段

在确定"d"或"mon"为基本时间单位后，对于动态分析中的产量递减分析，时间阶段是可以任意选取的，这与传统递减理论是一致的。

但要计算阶段递减率，并且要把它作为开发指标来使用，则必须使选取的时间阶段与自然时间的周期性变化相一致，而"年度"是全世界都通用的时间阶段，油气田开发工作安排和产量构成数据也是以年度为周期进行的循环。这就是说，可以把油气田的开发历程按照"年度"进行阶段化，在研究年度（阶段）递减率的同时，还可以研究年度内不同产量组分的变化规律及其对生产的贡献。其年度递减率指标既可用于预测未来趋势，又可用于不同油气田之间开发效果的对比。

时间单位与时间阶段的对应关系说明见表 2 - 2。

表2-2　时间单位与时间阶段关系

时间单位	时间阶段
天（d）	月（mon）、年（a）
月（mon）	年（a）
年（a）	—

理论上讲，时间单位可以是"d""mon""a"，但对油气田（井）的产量递减分析，尤其是要计算年递减率指标来说，时间单位就只能取"d"　"mon"；时间阶段可以是"mon"或"a"，但以"mon"为时间阶段的阶段递减率，在国内外都未使用。

所以，具有理论与生产实际意义的时间单位与时间阶段单位制是：

时间单位"天（d）"、时间阶段"年（a）"，简称为"d. a"制；

时间单位"月（mon）"、时间阶段"年（a）"，简称为"m. a"制。

根据我国油气田开发数据管理体系和现场生产动态分析的需要，在本书第三章、第四章中，分别以"d. a"制和"m. a"制这两种情况进行基础理论和不同递减率关系研究；第五章至第七章部分，则是根据产量构成曲线和广义 Arps 递减理论，专门以"m. a"制进行研究。

把时间单位对应的瞬时递减率和时间阶段对应的阶段递减率列于表2-3中。

表2-3　时间单位与瞬时递减率和时间阶段与阶段递减率关系表

时间单位	瞬时递减率	时间阶段	阶段递减率
天（d）	d^{-1}	年（a）	年产量递减率（A）年产能递减率（D）
月（mon）	mon^{-1}		
年（a）	a^{-1}	—	

以年为时间单位及其瞬时递减率，只具有数学意义，在现场生产中没有对应的时间阶段及其阶段递减率。因此，在使用这种时间单位做产量递减分析时，对其瞬时年递减率与阶段年递减率要特别注意加以区分。

第四节　阶段递减率计算条件

在确立了时间单位与时间阶段后，才具备了讨论阶段递减率计算的基础。

对于式（2-9）至式（2-13），其分子代表的是同一批井（即年度老井）在阶段（年）内的累计产量或日产量，这是没有争议的。既然分子是同一批井（即年度老井），那么分母也必须是与分子完全相同的同一批井在起点时的折算产量，只有这样，分子分母才具有对比意义，计算的年递减率指标才具有可比性。

在"d. a"制和"m. a"制下，统计对象在起点开始后的各个时间点井数是相同的，所以式（2-9）和式（2-10）选取阶段起点产量作为分母是正确的。式（2-11）和式（2-12）选择了上年度的总产量或上年度的平均日产量作为分母，由于上年度各月井数是随着新井投产在逐月增加，所以这个分母的井数与分子的井数是不同的。同时，式（2－11）和式（2－12）实际上是把 1 年看作了 1 个数据点，其本质是以"年"为时间单位，这就失去了研究阶段递减率的意义。式（2－13）的分母虽然是上年度的老井产量，但分母代表的井数与分子的井数不同，分母井数中少了上年度投产的新井，所以分子分母失去了对比的意义。同时，式（2－11）至式（2－13）还忽略了一个简单的数学问题，那就是跨过时间阶段去寻找分母。在图 2－3 中，从年度产量曲线分析，油藏老井在 1993 年没有递减、在 1994 年有递减，如果用式（2－11）至式（2－13）计算年递减率，就会得出与生产实际完全相反的结论。

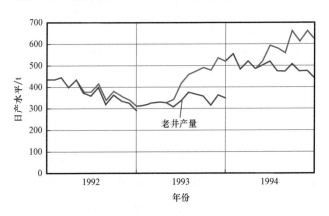

图 2－3　某低渗透砂岩油藏产量构成曲线

因此，具有理论和生产实用价值的阶段递减率计算方法只能是式（2－9）和式（2－10），这就是《油气产量递减率理论》一书推荐的计算年递减率的标准方法。

用式（2-9）计算阶段递减率，在各类油藏工程书籍中都能查到，也是国内外油气田开发行业广泛应用的阶段递减率计算方法。而用式（2-10）计算阶段递减率，除了我国石油行业开发数据计算标准要求外，在各类油藏工程书籍中没有记载和阐述，更没有得到国内油藏工程专家的认可，以至于造成了国内石油行业中递减率计算方法的混乱。

本书阐述的油气产量递减率理论，首先就是要回答式（2-9）和式（2-10）的关系问题，及其与递减理论的内在联系，从而建立起一套适用于现场生产的年度开发计划方案编制、新区开发方案产量预测和对方案经济效益评价的油藏工程新方法。

第三章 Arps 递减理论的继承与发展

传统 Arps 递减理论起源于对油井开发历史进行若干年度的产量递减分析与预测，预测方法是回归曲线外推。但当把 Arps 递减理论应用到油气藏的产量递减分析与预测时，由于生产井数的变化、老井措施增产的影响，不但产量变化规律性差，更不能真实揭示油气藏的产量递减。根据我国油田开发行业标准对产量构成数据和阶段递减率指标的计算要求，本章从递减理论在油气田开发中的实际应用出发，提出了广义 Arps 递减理论，即把适合年度产量构成曲线和各种油气藏产量递减分析的递减指数范围界定为：$-10 \leqslant n \leqslant 10$，形成了适合各级开发单元、任何开发阶段产量递减分析的广义 Arps 递减理论。

第一节 传统 Arps 递减理论

一、传统 Arps 递减理论的局限性

传统 Arps 递减理论在实际生产应用中存在明显的局限性。首先，传统 Arps 递减理论起源于对油田单井的产量递减

研究。由于 20 世纪早期的油井产量较高，基本没有增产措施，所以产量变化规律性好。进入 20 世纪 90 年代后，随着大量低渗透、特低渗透和非常规油气藏投入开发，单井日产油量小于 10t，甚至只有 1～2t 油井越来越多，单井措施越来越多，适合 Arps 递减理论的单井越来越少。

其次，把 Arps 递减理论应用到油气井、油气藏时，它只适合其产量出现持续递减的开发阶段，产量递减速度是恒定的或越来越小。对油气藏的上产阶段、稳产阶段和多油藏组合的开发单元，以及产量递减速度越来越快的油气藏（如底水油气藏），Arps 递减理论不适用。

其三，油气田开发调整与治理贯穿开发的全过程，不同年度间工作量的多少和效果的差异对产量变化影响是很大的，这种包含措施效果和新井产量后的油气田产量曲线，其变化明显缺乏规律性。因此，即使油气田开发已经进入递减阶段，递减理论的传统应用方法对绝大多数油气田也不适用。

其四，传统 Arps 理论中的时间单位为"月"时，产量是月产量。由于月产量存在日历天数不同的影响，增加了产量变化的复杂性。

最后，文献［1］中推导的累计产量关系式不适用于实际生产，其原因是理论与实际的误差太大。

二、积分误差分析

为了对积分误差有量化的认识，需要对不同递减规律下的累计产量积分表达式与数据点的累加关系式进行对比。同时，为了与本书后面内容统一，日产水平统一用小写字母 q 表示。当以"mon（月）"为时间单位时，假设每个月日历天数相同，均为 T 天，把传统 Arps 递减理论中的月度产量表示为日产水平与月度天数的乘积，即"qT"。把求和产量用 N_p 表示，积分累计产量用 N_p' 表示。

由于双曲递减是介于指数递减和调和递减之间的递减规律，所以这里只讨论指数递减和调和递减两种情况。

1. 指数递减规律

在指数递减规律下，积分累计产量关系式改写为：

$$N_p' = \frac{Tq_0 - Tq_t}{d_i} \qquad (3-1)$$

把 q_t 用 q_t—t 关系式代换后，转化为 N_p'—t 关系式：

$$N_p' = Tq_0 \frac{1 - e^{-d_i t}}{d_i} \qquad (3-2)$$

如果是数据点的直接累加（求和），则有：

$$
\begin{aligned}
N_p &= \sum (Tq_t) \\
&= Tq_0 (e^{-d_i} + e^{-2d_i} + \cdots + e^{-td_i}) \\
&= Tq_0 \left(\frac{1 - e^{-d_i t}}{e^{d_i} - 1} \right) \qquad (3-3)
\end{aligned}
$$

设积分误差为 w，则有：

$$w = \frac{N_p'}{N_p} - 1 = \frac{e^{d_i} - 1}{d_i} - 1 \qquad (3-4)$$

显然，在指数递减规律下，积分误差只与初始月递减率大小有关，与时间无关。由于 $d_i > 0$ 时有 $w > 0$，说明积分法累计产量较每月数据点求和产量偏大。

在现场生产实际中，初始月递减率 d_i 取值范围多在 0.010 ~ 0.016 内，积分误差在 0.005 ~ 0.008，是比较小的，基本可以忽略。如果以 "a（年）" 为时间单位，初始年递减率取 10%，预测期第一年的产量误差达到 5.17%，这是现场生产不能接受的。并且，初始递减率越大，积分误差越大。

2. 调和递减规律

在调和递减规律下，累计产量与产量关系式为：

$$N_p' = \frac{Tq_0}{d_i}\ln\frac{q_0}{q_t} \qquad (3-5)$$

把 q_t 用 q_t—t 关系式代换后，转化为 N_p'—t 关系式：

$$N_p' = \frac{Tq_0}{d_i}\ln(1 + d_i t) \qquad (3-6)$$

如果数据点直接累加（求和），则有：

$$N_p = \sum Tq_t$$
$$= Tq_0\left[(1 + d_i)^{-1} + (1 + 2d_i)^{-1} + \cdots + (1 + td_i)^{-1}\right]$$
$$= Tq_0\sum_{j=1}^{t}(1 + jd_i)^{-1} \qquad (3-7)$$

积分误差为：

$$w = \frac{N_p'}{N_p} - 1 = \frac{\ln(1 + td_i)}{d_i\sum_{j}^{t}(1 + jd_i)^{-1}} - 1 \qquad (3-8)$$

在调和递减规律下，积分误差不但与初始月递减率大小有关，还与预测时间长短有关。初始月递减率 d_i 在 0.010 ~ 0.016

范围取值时，预测期年产量的积分误差在 0.0047 ~ 0.0073，是很小的。如果以"a（年）"为时间单位，年递减率为 10%，预测期第一年的产量误差最小也是 4.84%。积分误差始终为正值，说明积分产量偏大。

3. 双曲递减规律

对于 $0 < n < 1$ 的双曲递减规律，其积分误差介于指数递减和调和递减之间。当递减指数从 0 开始增大时，如果初始递减率不变，则积分误差是逐渐减小的。通常情况下，随着递减指数的增大，初始递减率会随之增大，所以其积分误差相对于指数递减应该是保持稳定或增大的。

初始递减率增大时，积分误差是增大的；预测期延长时，积分误差是逐渐减小的。

以月为时间单位的产量预测误差仅为以年为时间单位的预测误差的 1/10。但不论是何种递减规律，积分累计产量始终大于数据点累加求和产量。

以年为时间单位的产量预测误差大。在传统 Arps 递减理论下，如果以"年"为时间单位，常见的初始递减率一般为 10%~15%，预测期为 5 年或 10 年，在这个范围内积分误差是比较大的（表 3 - 1）。较大的误差导致积分法计算的累计产量与实际不符，以此安排的年度配产将无法完成。

为了理论与生产的结合，递减率理论在计算预测期的累计产量时，全部采用数据点"日产水平 × 日历天数"再求和的方法，完全消除了积分法和月度天数不同对预测期累计产量的影响，可以把预测产量误差控制在 0.5% 以内。

表 3 - 1 积分累计产量误差表

递减指数		$n=0$		$n=0.5$		$n=1$	
初始递减率/%		10	15	10	15	10	15
误差/%	1a	5.17	7.89	5.00	7.50	4.84	7.15
	2a	5.17	7.89	4.89	7.26	4.64	6.73
	3a	5.17	7.89	4.78	7.04	4.46	6.38
	4a	5.17	7.89	4.69	6.85	4.30	6.09
	5a	5.17	7.89	4.60	6.68	4.16	5.84
	6a	5.17	7.89	4.52	6.53	4.04	5.62
	7a	5.17	7.89	4.45	6.40	3.93	5.43
	8a	5.17	7.89	4.38	6.28	3.82	5.26
	9a	5.17	7.89	4.31	6.16	3.73	5.11
	10a	5.17	7.89	4.25	6.06	3.64	4.98

第二节 阶段递减率

从一个产量递减过程中抽出任意时间阶段来考察（图 3 - 1），显然，这个时间阶段一定具有两个以上的时间点。

一、阶段递减的两个指标

当时间从 a 点变化到 b 点时，对应递减曲线上的日产量从 q_a 变化到 q_b，减少的日产量为 $q_a - q_b$，这是阶段末日产量的递减；同时，如果没有递减的存在，这个阶段的累计产量（理想产量）是正方形 abdc 的面积；但由于有了递减的存在，递减后的阶段产量改变为曲边梯形 abec 的面积，阶段内理想产量的减少量为曲边三角形 cde 的面积，这是阶段内累计产油量的递减。因此，一个递减阶段必然出现两种不同的递减结果，必须用两个递减指标来描述。

指标一：描述阶段起点日产量与末点日产量的减少量，即 $q_a - q_b$。

指标二：描述阶段内累计产量的减少量，即曲边三角形 cde 的面积。

二、阶段递减率定义

1. 阶段产能递减率

用以描述阶段递减指标一，即递减导致的日产量的减少量，也即图 3 - 1 中曲边三角形的 de 边长。理论上，各时间点对应的日产量实际上就代表了该时间点油气田的生产能力，因此把指标一定义为阶段产能递减率。

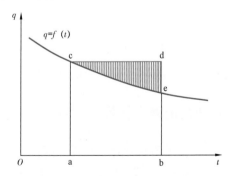

图 3 - 1　日产量递减和累计产量递减

定义：把一个递减阶段内日产油量（或日产气量）的变化率称为阶段产能递减率，用字母 D 表示。

计算公式为：

$$D = \frac{q_0 - q_t}{q_0} = 1 - \frac{q_t}{q_0} \qquad (3-9)$$

显然，这就是式（2-9）。当时间单位为"d"时，q_t 为阶段末点对应的日产量，q_0 为阶段起点对应的日产量；当时间单位为"mon"时，q_t 为阶段末点对应的日产水平，q_0 为阶段起点对应的日产水平。

2. 阶段产量递减率

用以描述阶段递减率指标二，即递减导致的阶段累计产量的减少量，也即图 3-1 中曲边三角形 cde 的面积。

定义：把一个递减阶段内累计产油量（或产气量）的变化率称为阶段产量递减率，用字母 A 表示。

计算公式为：

$$A = \frac{q_0 \sum T - Q_t}{q_0 \sum T} = 1 - \frac{Q_t}{q_0 \sum T} \qquad (3-10)$$

显然，这就是式（2-10）。Q_t 为阶段累计产油量（或产气量）。当时间单位为"mon"时，q_0 为阶段起点对应的日产水平；当时间单位为"d"时，q_0 为阶段起点对应的日产量。$\sum T$ 为 $t=0$ 算起的累计日历天数，在一个整年度时，$\sum T$ 等于 365d 或 366d（闰年）。

把产能递减率计算公式［式（2-9）］的分子分母同时乘以 $\sum T$，则有：

$$D = 1 - \frac{q_t \sum T}{q_0 \sum T} \qquad (3-11)$$

把它与产量递减率计算公式（2-10）比较，两式的分母是相同的，其产能递减率的分子这时可以理解为老井递减到阶段末点时日产水平的理想年产量，而产量递减率的分子代表的是阶段实际累计产量。这个累计产量是大于阶段末点的理想年产量而小于阶段起点的理想年产量（即分母）。因此，对于阶段递减率，恒有 $D > A$。

特别地，当时间阶段的 $\Delta t = 1$ 时，$D = A$。

3. 产量构成与年递减率

为了使阶段递减率指标与油气田开发的年递减率指标保持一致，就必须把一个年度作为一个递减阶段，这时的阶段产能递减率就定义为年产能递减率，阶段产量递减率就定义为年产量递减率。

在油田开发数据库中，都是以 1 个年度为 1 个开发阶段，并有每月 1 点的老井产量数据、老井措施增油量数据和新井产量数据，据此可以绘制出一个开发单元在"m. a"制下的产量构成曲线（图 3-2）。

由于数据库中老井产量是年度内同一批老井的油气产量或剔除措施增产后的油气产量，不受新井投产或增产措施的影响，其产量变化具有较好的规律性。

根据油田开发数据管理规定，把利用老井产量（包含措施增产量）计算的递减率定义为年综合递减率，把剔除老井措施增产量后计算的递减率定义为年自然递减率。

所以，年产能递减率可以分为年产能综合递减率和年产能自然递减率，年产量递减率可以分为年产量综合递减率和年产

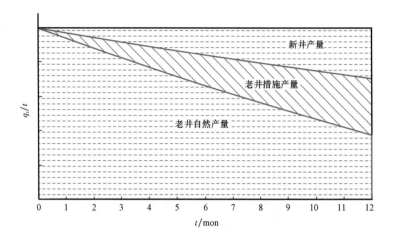

图 3 – 2　产量构成原理图

量自然递减率。

　　本书内容约定，在无特别说明时，年产能递减率指的是年产能综合递减率，年产量递减率指的是年产量综合递减率。

　　需要说明的是，要利用产量构成数据计算年递减率，就不能以"d"为时间单位，因为开发数据库中不存在 1 天 1 点的产量构成数据。所以，以"d"为时间单位的阶段产量递减分析方法，一般只适合于对单井或一批单井的动态分析中。

第三节　不同递减率的几何意义与物理意义

　　到目前为止，已经根据递减理论和生产实际的需要定义了初始递减率、年产量递减率和年产能递减率。为了对不同递减率有更加直观的了解和认识，需要对不同递减率的几何意义与物理意义作进一步阐述。

图3-3是"m. a"制下适合任何开发单元的年度老井产量递减模式。在一个年度开发阶段内，老井产量从年初递减到年末，形成了一个以产量曲线为斜边的曲边三角形 ABC。一个三角形有3个边和一个面共4个参数，其中，与时间轴平行的边 AC 为自变量 t，斜边 AB 为每个点都可用递减理论来描述的产量递减曲线，平行产量轴的直角边 BC 为产能递减率的分子，而三角形 ABC 的面积正好是产量递减率的分子。

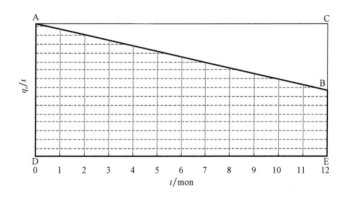

图3-3 油气田年度产量递减模式图

一、不同递减率的几何意义

油气产量递减率理论把一个递减阶段和两种递减结果归纳为三种递减率。

1. 初始递减率

初始递减率是产量曲线在 $t=0$ 点的切线斜率与该点产量

的比值。由于 Arps 递减理论是瞬时递减率定义式在不同情况下进行积分得到的，所以初始递减率实际上代表了 Arps 递减理论，其通式为：

$$q_t = q_0 (1 + nd_i t)^{-1/n} \qquad (3-12)$$

它描述了不同递减规律中特定递减指数的一条递减曲线，亦即为曲边三角形 ABC 的曲斜边 AB。

2. 年产能递减率

即阶段递减率指标一：

$$D = \frac{q_0 - q_t}{q_0} \qquad (3-13)$$

它描述了曲边三角形 ABC 的一条直角边 BC。由于起点是共有的，所以产能递减率实际上也只描述了一个点。

3. 年产量递减率

即阶段递减率指标二：

$$A = \frac{q_0 \sum T - Q_t}{q_0 \sum T} \qquad (3-14)$$

它描述了曲边三角形 ABC 的面积。

由于分析阶段的起点是相同的，递减理论、产量递减率、产能递减率在平面上就构成了点、线、面的几何关系，并对产量递减出现的曲边三角形进行了完整的描述。

二、不同递减率的物理意义

三种递减率的物理意义，就是指不同递减率在生产中的作用。

1. 初始递减率

由于它是代表递减理论，当描述的递减阶段为一个年度时，递减理论中的 q_0 实际上就是阶段共有的起点产量。在实际生产应用中，这个起点产量可以根据生产数据回归分析来确定，这就解决了年递减率计算中起点产量如何标定的问题。同时还可以根据初始递减率和起点产量，把年度配产分配到每个月，用以编制年度生产运行曲线。

2. 年产能递减率

由于年产能递减率代表的是老井产量的递减，也就是老井在年度内因递减而减少的日产水平，它同样也反映了年度内保持稳产需要补充的新井日产水平，这样就把老井产能递减与新井产能建设工作量直接联系起来，在定义老井产能递减率的同时，也定义了新井产能建设工作量。

3. 年产量递减率

由于年产量递减率代表的是老井累计产量的递减，也就是老井在年度内因递减而减少的年产量，它同样也反映了年度内保持稳产需要补充的新井年产量，这样就把老井累计产量递减与新井年产量补充直接联系起来，在定义老井产量递减率的同时，也定义了产能建设新井应补充的当年产量。

第四节　广义 Arps 递减理论

一般地讲，传统 Arps 递减理论的分析阶段长达数年，在其定义的递减指数 n 的取值范围（$0 \leqslant n \leqslant 1$）内，也不会出现产量递增或为负值的情况。但广义 Arps 递减理论通式是双曲递减，对不同的时间阶段长短、不同的初始递减率和递减指数，有可能出现产量递增或为负值的情况。这就提出了对递减条件的研究，只要在研究的时间阶段内满足理论产量为正值、曲线单调下降的所有递减类型都应该是可行的。因此，寻找保证递减曲线单调下降且产量大于 0 的全部递减指数，就是本节需要回答的问题。

一、老井产量变化规律的认识

既然油田产量曲线缺乏规律性，那么，消除新井和老井措施影响的老井自然产量曲线是否遵循递减理论呢？答案是肯定的。通过对 10 个不同级别开发单元 109 个年度（每个年度为 13 个数据点）的老井自然产量曲线回归分析，其曲线变化规律性非常好。表 3 – 2 列举了对这些开发单元年度老井自然产量曲线进行回归分析后的相关系数。对比发现：

（1）分析单元越大，相关系数越高，如中国石油天然气股份有限公司的 5 个年度，其老井自然产量递减的相关系数在 0.984 以上，最高为 0.9990。

（2）分析单元越小，相关系数变化越大，如晋 45 断块，相关系数最低 0.7726，最高 0.9613。

表 3 – 2 数据说明，用递减理论进行年度产量构成的递减分析，不但适合油藏、油田，更适合油区。分析单元越大，产量递减曲线的相关性越好。当分析单元大到自然产量变化主要反映地质特点的影响时，递减理论对这类单元（油藏）是适

表 3-2　年度老井自然产量曲线回归相关系数对比表

区域	相关系数											
	1990年	1991年	1992年	1993年	1994年	1995年	1996年	1997年	1998年	1999年	2000年	2001年
华北油田	0.9907	0.9965	0.9733	0.9917	0.8922	0.9845	0.9306	0.9887	0.9641	0.9568	0.9579	0.9717
大庆油田		0.9831	0.9909	0.9958	0.9773	0.9944	0.9981	0.9947	0.9562	0.9957	0.9729	0.9739
大港油田		0.9894	0.9903	0.9655	0.8807	0.9804	0.9796	0.9765	0.9725	0.9899	0.9928	0.9976
新疆油田		0.9972	0.9951	0.9084	0.9185	0.9830	0.7139	0.9974	0.9141	0.9964	0.9818	0.9823
股份公司							0.9939	0.9884	0.9868	0.9990	0.9905	
华北油田第三采油厂	0.9776	0.9791	0.9234	0.9881	0.9650	0.9781	0.9231	0.9470	0.9256	0.8267	0.9273	0.9422
任丘雾迷山	0.9848	0.9688	0.7759	0.9598	0.8950	0.9916	0.8673	0.9256	0.9197	0.9558	0.9580	0.8873
岔河集油田	0.9653	0.9867	0.9458	0.9288	0.9349	0.9863	0.9844	0.9801	0.9578	0.9127	0.9791	0.8256
晋45断块	0.7726	0.9390	0.9178	0.9037	0.9613	0.8900	0.8787	0.8914	0.8322	0.9247		0.9255
中原油田第二采油厂	0.9858	0.9806	0.9911	0.9854	0.9949	0.9683	0.9748	0.9914	0.9723	0.9600	0.9112	0.9825

用的；当分析单元小到产量变化不能反映地质特点、完全处于人为因素影响时，任何开发理论对这类单元（油藏）都不适用，研究这种开发单元也没有意义。

二、递减理论在计算年递减率中的作用

在利用式（2－9）和式（2－10）计算年递减率时，实际生产中如何确定起点日产水平（即标定产量）一直是饱受争议的问题。这也是式（2－11）至式（2－13）出现的根本原因。

标定产量的麻烦在于，不论是油藏或油区，其年末至年初的产量受地质规律以外的因素影响较大。通过对表3－2开发单元和更多油藏的产量构成分析，发现年度老井自然产量曲线的变化在年度的多数月份规律性较好，受非地质因素的影响是有限的，统计的开发单元越大，自然产量曲线递减规律性越好。

在年度产量构成中，对一条特定的产量递减曲线，递减理论和计算年递减率公式研究递减的起点是相同的，从理论上讲，式（2－2）的 q_0 就是式（2－9）和式（2－10）的起点产量。因此，如果实际产量数据点的规律性较好，其回归方程的 q_0 就是计算年递减率的标定产量，也即起点月度的日产水平。通过100余个开发单元的年度产量回归分析，对产量变化规律性较好的油藏，用回归方程的 q_0 值作为标定产量是比较真实的，表3－2的相关系数也说明了用回归方程 q_0 值作为标定产量的可靠性。

因此，对于老井产量变化规律性较好的油区和各级开发单元，可以利用递减理论对年度产量构成曲线进行回归分析确定年度标定产量。这是 Arps 递减理论在递减率理论中的重要作用，也是本章研究针对年度递减分析的广义 Arps 递减理论的重要意义。

在"年度"这个有限的时间阶段内，Arps 递减理论的作用是：回归得到递减指数、初始产量（即标定产量）和初始递减率，或者根据递减指数、初始产量（即标定产量）和初始递减率计算分月产量数据。因此，Arps 递减理论的研究对象仍然是一条产量递减曲线或曲线上的每个点。

三、年度递减分析中递减指数范围

传统 Arps 递减理论中，没有阐述递减指数取值范围的确定方法，虽然部分文献介绍了直线递减规律，但这种递减规律在油田开发历程递减分析与预测中一般较少出现。

把 Arps 递减理论用于年度产量构成分析时，虽然也要进行产量递减规律回归分析，但不用回归曲线进行外推预测或是有限几个点的外推预测（即一个整年度数据点不够时，利用回归 + 外推预测不足年度数据点），其根本目的是为了标定年度起点产量，或把年度配产分配到每个月、再现产量构成曲线。由于一个年度阶段的产量—时间点只有 13 个或 366 个，年度内的产量递减情况可能更复杂，递减速度可能会出现比指数递减更严重的情况。

众所周知，当式（2 – 2）的 $n = -1$ 时有：

$$q_t = q_0(1 - d_i t) \qquad (3-15)$$

这就是典型的直线递减规律表达式，在用于时间阶段较短的产量递减分析中，这种递减规律经常出现。

那么，递减指数小于 0 和递减指数大于 1 的其他部分，其递减规律在实际生产中是否存在呢？

表 3-3 列举了 28 个开发单元 378 个年度的产量回归分析，其递减指数 n 的取值范围是 $n \geq -2$，同时限定 $n < -2$ 时 $n = -2$。回归结果，$n < 0$ 的年度有 177 个，占 46.8%，接近一半；$n > 0$ 的年度有 201 个，占 53.2%。出现在 $n < 0$ 与 $n > 0$ 的递减类型频率是比较接近的，说明递减指数 $n < 0$ 的区间对年度产量构成分析是重要的。同时，$n > 1$ 的递减类型频率接近 $0 < n < 1$ 递减类型频率的 2 倍，说明 $n > 1$ 的递减类型对年度产量构成分析也是很重要的。

表 3-3　不同递减规律出现频率对比表

递减类型	负双曲	直线	负双曲	指数	正双曲			
递减指数	$-2 \sim -1$	-1	$-1 \sim 0$	0	$0 \sim 1$	$1 \sim 3$	$3 \sim 5$	>5
年度数	118	1	58	0	74	75	34	18
比例/%	31.2	0.3	15.3	0	19.6	19.8	9.0	4.8

在 $n < -1$ 的递减类型中，由于限制了 $n \geq -2$，出现了频率较为集中的情况，说明 $n < -2$ 的递减类型在以年度为阶段的回归分析中也是可以出现的。

四、产量递减条件与递减指数有效范围

满足产量递减的条件是：曲线形态单调下降，产量大于等

51

于 0。只要递减指数的变化范围能够满足产量递减条件，这样的递减指数对递减理论都是成立的。但是，满足递减理论的递减条件，对现场生产并非全部都具有实用价值。

对于年度产量构成的产量递减分析，需要讨论的是保证在油气田开发常见的年递减率范围内，保证年度产量曲线形态单调下降、产量大于 0 的递减指数 n 的取值范围。而对于那些在油气田开发中几乎不可能出现的递减曲线，即使能够满足曲线形态单调下降、产量大于 0 的递减条件，其递减指数范围对现场生产也是没有意义的。

1. 产量递减条件

根据式（2 - 2），当 $q_t > 0$ 时，有 $1 + n d_i t > 0$，即：

$$n d_i t > -1 \qquad (3 - 16)$$

曲线形态单调下降时，条件是 $q_t' < 0$。根据式（2 - 2）有：

$$q_t' = -\frac{q_0}{n}(1 + n d_i t)^{-(1 + 1/n)} n d_i$$

$$= -\frac{q_0 d_i}{(1 + n d_i t)^{(1 + 1/n)}} \qquad (3 - 17)$$

显然，$q_t' < 0$ 的条件仍然是：

$$1 + n d_i t > 0$$

也即：

$$n d_i t > -1$$

而 $1 + n d_i t = 0$ 就是曲线出现拐点或产量为 0 的时间点。

因此，确保曲线单调下降、产量为正值的递减条件表达式为：

$$nd_i t > -1 \qquad (3-18)$$

由于 $t > 0$、$d_i > 0$，对于 $n \geqslant 0$ 的所有递减指数，一定是 $nd_i t > 0$，在整个递减期内，产量变化都是满足递减条件的，但当 n 值增大到一定程度时，其理论曲线在实际生产中几乎是不出现的。由此也说明，对于 $0 \leqslant n \leqslant 1$ 的传统 Arps 递减理论，是始终满足递减条件的；对于 $n < 0$ 的递减指数，在其产量递减过程中，可能出现不能满足递减条件的情况（即出现产量递增或产量小于 0 的情况），且当 n 值小到一定程度时，其理论曲线在实际生产中也是不会出现的。

因此，满足现场生产的广义 Arps 理论，其递减指数取值范围一定不是 $-\infty < n < \infty$。

2. 递减指数下限

根据递减条件，在给定的时间单位和时间阶段内，n 与 d_i 的变化关系如图 3-4 所示。

从图 3-4 可以看出，初始递减率随递减指数增大呈指数式升高。当 $n < -10$ 时，对应的初始月递减率变化显著变小。当 $n = -10$ 时，初始月递减率为 0.8333%；当 $n = -15$ 时，初始月递减率为 0.5556%；递减指数增加到 -10 时，引起的初始月递减率变化不到 0.3 个百分点［图 3-4（a）］。如果时间单位取"d"，把对应递减指数再代入式（3-18）计算初始日递减率，则递减指数小于 -10 时，初始日递减率的变化幅度也非常小［图 3-5（b）］。由于 $n < -1$ 的递减曲线是凸形的，初始递减率小，说明曲线的前半部比较平直，而后半部则呈加速下降，且 n 值越小下降越快。对于产量曲线由平稳转为加速

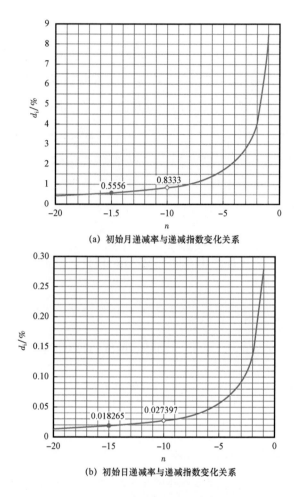

(a) 初始月递减率与递减指数变化关系

(b) 初始日递减率与递减指数变化关系

图 3-4　初始递减率与递减指数关系

下降的情况，多出现在少数依靠底水能量开发的裂缝型油气藏。对于依靠注水或弹性能量开发的油气藏，这种情况是少见的。研究认为，可以把 $n = -10$ 作为递减指数下限。

结合现场生产可能出现的年产能递减率情况，也可以证明递减指数下限的合理性。

把式（2-2）代入式（2-9）有：

$$1 - D = (1 + nd_i t)^{-1/n} \qquad (3-19)$$

对于一个整年度，时间 t 取值为 12mon 或 365d。由此解得：

$$d_i = [(1-D)^{-n} - 1]/(jn), \ j = 12\text{mon 或 365d}$$

$$(3-20)$$

根据式（3-20），把年产能递减率分别取值为 50%、40%、30%、20%、15%、10%，时间单位为"mon"时，绘制 d_i 与 n 关系曲线［图 3-5（a）］。从图 3-5（a）中可见，由于所有曲线均随着 n 值的减小收敛在一起，在 $n = -10$ 时，虽然年产能递减率在 10%~50% 之间变化，但对应的初始月递减率变化仅为 0.5428%~0.8325%，相差仅 0.2897%。当时间单位为"d"时，不同年产能递减率绘制的 d_i 与 n 关系曲线形态［图 3-5（b）］与图 3-5（a）完全相同。说明递减指数以 $n = -10$ 为下限是可行的。

综上所述，可以把适合现场生产实际的递减指数下限限定为：$n = -10$。

3. 递减指数上限

对于 $n > 0$ 的递减规律，初始瞬时递减率随着递减指数增加而增大、随时间的延长而减小。根据双曲递减规律的瞬时递减率与时间关系式，可以绘制不同初始递减率下年末瞬时递减率随递减指数的变化曲线（图 3-6）。当 $n > 1$ 时，随递减指数的增大，瞬时递减率迅速减小并收敛在一起。当 $n = 10$ 时，尽管初始递减率在 1%~20% 之间大幅度变化，但对应的年末

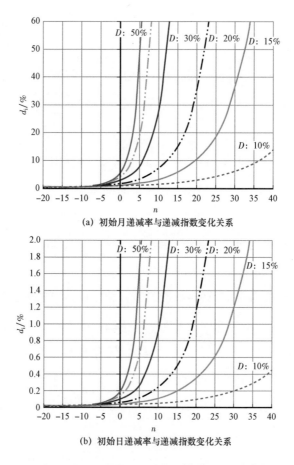

(a) 初始月递减率与递减指数变化关系

(b) 初始日递减率与递减指数变化关系

图 3-5 初始递减率与递减指数变化关系

瞬时递减率变化的影响已非常小，为 0.455%~0.800%，相差仅 0.345%。说明不同递减规律下的递减曲线形态在年初下降较快，在年末则接近半直状态。

从表 3-3 的实际生产统计看，$n>5$ 的递减类型出现的概率已经很小。

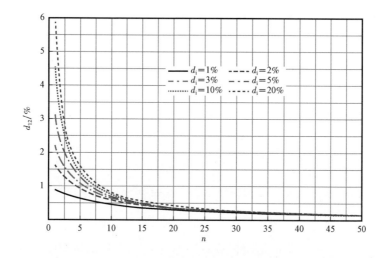

图 3 – 6　年末瞬时递减率随递减指数变化关系

综合分析认为，可以把适合现场生产实际的递减指数上限限定为：$n = 10$。

五、广义 Arps 递减理论

为了适应对裂缝型底水油气藏、年度产量构成曲线以及时间阶段较短的情况进行产量递减分析，需要把传统递减理论的递减指数范围扩大。递减率理论研究递减指数的取值范围，完全是为了满足对各种油气藏开发历史与年度产量构成曲线的产量递减回归分析的需要，而对于编制未来年度的产量构成曲线和生产运行曲线，完全可以统一采用指数递减规律（见第四章第三节）。因此，递减率理论对递减理论的用法和目的与传统方法有所不同：其一，增加对于开发初期产量递减不明显、随生产时间延长产量呈加速下降的产量递减情况（如裂缝型底水开发油气藏），可以用递减指数 $n<0$ 的双曲递减进行回归分析；其二，可以满足对时间阶段较短、数据点较少的年度产量构成曲线进行回归分析；其三，分析产量为老井产量或老井自然产量，基本消除了人为因素的影响；其四，可以用递减理论回归分析标定年度起点产量，或根据年度配产再现产量构成曲线、编制生产运行曲线。对于一个完整开发年度，分析数据点只有 13 个或 366 个，其递减规律会出现比传统 Arps 递减理论更复杂的情况，所以扩大递减指数的范围是必要的。

递减率理论把适合年度产量构成曲线与各种复杂底水油气藏产量递减分析的递减指数范围界定为：$-10 \leqslant n \leqslant 10$，称为广义 Arps 递减理论（表 3 - 4）。

表 3 - 4　广义 Arps 递减理论基本公式表

递减类型	递减指数	瞬时递减率与时间关系式	产量与时间关系式
直线递减	$n = -1$	$d_t = d_i (1 - d_i t)^{-1}$	$q_t = q_0 (1 - d_i t)$
指数递减	$n = 0$	$d_t = d_i = \mathrm{const}$	$q_t = q_0 e^{-d_i t}$
调和递减	$n = 1$	$d_t = d_i (1 + d_i t)^{-1}$	$q_t = q_0 (1 + d_i t)^{-1}$
双曲递减	$-10 \leqslant n \leqslant 10$	$d_t = d_i (1 + n d_i t)^{-1}$	$q_t = q_0 (1 + n d_i t)^{-1/n}$

表 3 - 4 中递减指数为 - 1、0、1 的三种递减类型，可以看成是双曲递减规律的特殊形式，所以仍然可以把双曲递减关系式作为广义 Arps 递减理论的通式，即式（2 - 2）。

在 $n<0$ 的负双曲递减规律中，瞬时递减率随时间的增加而增大；在 $n>0$ 的双曲递减规律中，瞬时递减率是随时间的增加而减小的。

再次强调的是，在广义 Arps 递减理论中，q_t 的取法与传统递减理论不同，它是代表月平均日产量，即日产水平。同时，阶段累计产量是日产水平乘以当月日历天数进行求和计算的，这使得计算或预测的年产量和累计产量与实际生产数据完全一致。因此，表 3 – 4 去掉了计算累计产量的积分公式。

在本节以前的产量单位中，是尊重先辈们的理解和规定进行的阐述。从本节的广义 Arps 递减理论开始，对产量符号和单位进行了特别约定，即：时间单位为"月"时，月日历天数用"T"表示，对应产量为"日产水平"，用小写字母"q"表示；时间阶段为"年"时，对应的阶段产量为"年产量"，用大写字母"Q"表示，它是分月日产水平与当月日历天数的乘积的求和累加值；不同年度间形成的累计产量，沿用油藏工程书籍中通用的"N_p"表示。

第五节　递减指数与产量递减快慢的关系

长期以来，人们总是用"产量递减以指数递减最快、双曲递减次之、调和递减最慢"的思路去研究产量递减，试图寻找一种递减指数较大、产量递减最慢的产量递减规律，其结果总是适得其反。

油气田产量递减的快慢，到底应该如何衡量？是递减指数、或是初始（瞬时）递减率、或是瞬时递减率的变化趋势、或是开发阶段累计产量的多少？这是一个没有统一衡量标准的问题。油藏工程相关书籍或资料文献中，有学者认为："在初始递减率相同时，产量递减以指数递减最快、双曲递减次之、调和递减最慢"；或"指数递减最快，预测的累计产量最小；调和递减最慢，预测的累计产量最大；双曲递减介于两者之间"，等等。根据递减条件，在任何有限的时间阶段内，总有"随着递减指数增大，初始递减率增大"的变化关系（图 3 - 4）。说明"不同递减指数的初始递减率相同或递减指数越大初始递减率越小"的假设条件是不成立的。

油气田开发的目的是为了追求油气产量的最大化，在一个阶段内产量递减是否严重，应该用阶段累计产量指标来衡量。譬如，在一个开发预测期内，起点产量相同、或起点产量（起点产能）和末点产量（末点产能）都相同时，在不同递减指数下，累计产量越多的递减指数其产量递减越慢，累计产量越少的递减指数其产量递减越快。

从开发实践分析，初期产量递减较慢的油气藏，其递减指数一定较小（如 $n \leqslant 0$），因为只有递减指数较小的递减类型才会出现开发初期产量递减慢、中后期产量递减加快的情况；同样，初期产量递减快的油气藏，其递减指数一定较大（如 $n = \pm 1$），因为只有递减指数较大的递减类型才会出现初期产量递减快、中后期产量递减变慢的情况。

图 3 - 7 是某油田 2000 年度 222 口投产井在 16 年开发生产中的产量递减拟合结果，递减指数 1.15、复相关系数 0.9915、初始年递减率 57.93%，产量拟合误差 1.04%。以此拟合计算开发第一年的年产量综合递减率为 17.91%、年产能递减率为 29.65%，可见其开发初始产量递减是非常严重的。

图 3-8 是在拟合过程中 d_i 值、R^2 值随 n 值增加的相应变化情况，从图 3-8 中清楚看出，n 增大、d_i 增大，复相关系数也增加。也就是说，初期产量递减严重的递减类型，只能用较大的递减指数才能得到有效拟合，说明初期产量递减随递减指数的增大而增大。

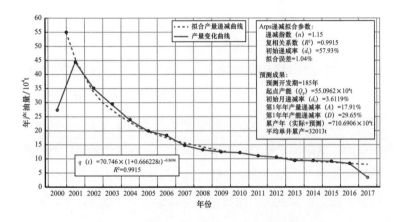

图 3-7　相同年度投产井产量拟合效果图

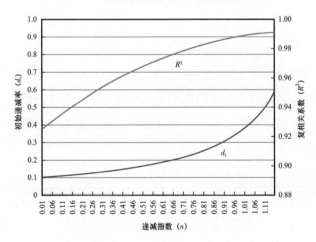

图 3-8　d_i、R^2 随 n 的变化对比图

从油气藏地质条件与实际开发效果的关系看,开发初期产量递减较为严重(即 n 值较大)、没有稳产期的油气藏类型一般都是低渗透、特低渗透或致密油气藏(如长庆苏里格气田);相反,初期产量递减较小、有一定稳产期的油气藏,其地质条件一般都是较好的,如裂缝型底水驱开发的高产油气藏。

研究油气田的产量递减(尤其是新区开发方案的产量预测),应该是针对相同年度投产井的整个开发过程或开发预测期,而不仅仅是开发过程中的某个较短的开发阶段。也就是说,不能把相同年度投产井的整个开发过程分为几个不同递减类型的开发阶段来研究。递减指数越大、初期产量递减越严重的油气藏类型,在开发初始年度,为了稳产投入的产能建设工作量就越多。正确认识递减指数与开发初期产量递减和稳产需求之间的关系,对编制年度计划方案和新区开发方案是非常重要的。

当初始起点产量(即建成产能)相同时,油气田在开发初期的产量递减是随着递减指数的增大而加重的,开发预测期的累计产量是随着递减指数的增大而减少的。因此,传统递减类型应该是以指数递减产量递减最慢、双曲递减次之、调和递减最快。

也就是说,油气田开发效果较好的递减类型一定是递减指数较小的递减类型。这个结论对做新区开发方案的产量预测是非常重要的。

因此,对于一个完整的开发预测期,递减指数与产量递减快慢的正确解释是地质条件越差，递减指数越大、初始递减率越大、初期年递减率越大、累计产量越低、开发效果越差；反之，地质条件越好，递减指数越小、初始递减率越小、初期年递减越小、累计产量越高、开发效果越好。根据这个思路，还可以在广义 Arps 递减理论下建立全过程的递减指数与地质条件的关系模型，用以指导未来油气田的开发方案编制和开发效果预测。

这里也同时回答了为什么传统递减规律以指数递减最为常见的问题，一是因为 20 世纪开发的油气藏几乎都是地质条件较好的油气藏类型，开发效果一般都较好，其产量递减规律大多数服从递减指数较小的递减类型；二是传统递减理论只研究了产量递减曲线中 $n \geq 0$ 的正半支递减规律，而 $n < 0$ 的负半支递减规律都被 $n = 0$ 所代替。因此，指数递减出现的概率就大大增加。

第四章　三种递减率关系表达式

递减率理论把一个递减阶段和两种递减结果归纳为三种递减率，这三种递减率和自变量时间在几何图形上正好描述了曲边三角形的三边一面，建立这三种递减率之间的关系表达式就是本章的研究内容。

第一节　时间单位为月的不同递减率关系

在一个开发年度，如果已知起点产量和年产量递减率，就可以用式（2-10）计算年度产量（Q_t），而这个年度产量是分月产量之和，分月产量又服从特定递减规律。所以对于年度产量构成，当起点产量和递减规律确定时，式（2-2）、式（2-9）和式（2-10）分析的时间阶段相同，即有 q_0、q_t 和 t 相同，Q_t 是 q_t 随 t 的累计值，三个公式中只有 d_i、A 和 D 是不同的，这就是为何把递减理论和产量递减的两种结果归纳为三种递减率［即初始月递减率（d_i），年产量递减率（A）和年产能递减率（D）］的原因。根据这个思路，就可以建立起 D、A、d_i 相互之间的理论关系式，以达到三种递减率之间相互换算的目的。

一、年产能递减率与初始月递减率

以年为阶段的年产能递减率对应的时间阶段正好是 12 个月（即 $t=12$），将表 3-4 中的产量与时间关系式取 $t=12$ 就得到年末（12 月份）日产水平，再把 12 月的日产水平代入式（2-9），即可得到不同递减规律下年产能递减率与初始月递减率的关系式。

在计算整年度的年产能递减率时，把式（2-9）改写为：

$$D = 1 - \frac{q_{12}}{q_0} \qquad (4-1)$$

由于 q_0 是已知的，q_{12} 可以用递减理论来表述，不同递减规律下 q_{12} 不同。

1. 直线递减（$n=-1$）

根据直线递减规律产量与时间关系式，递减到第 12 月时的日产水平为：

$$q_{12} = q_0(1 - 12d_i)$$

代入式（4-1）整理得：

$$D = 12d_i \qquad (4-2)$$

式（4-2）说明，在直线递减规律下，年产能递减率是初始月递减率的 12 倍。

2. 指数递减（$n=0$）

根据产量与时间关系式，递减到 12 月时的日产水平为：

$$q_{12} = q_0 e^{-12d_i}$$

代入式（4-1）整理得：

$$D = 1 - e^{-12d_i} \qquad (4-3)$$

在指数递减规律下，年产能递减率与初始月递减率关系变得较为复杂。

3. 调和递减（$n=1$）

根据产量与时间关系式，递减到 12 月时的日产水平为：

$$q_{12} = q_0 (1 + 12d_i)^{-1}$$

代入式（4-1）整理得：

$$D = 1 - (1 + 12d_i)^{-1} \qquad (4-4)$$

4. 双曲递减（$-10 \leqslant n \leqslant 10$）

根据产量与时间关系式，递减到 12 月时的日产水平为：

$$q_{12} = q_0 (1 + 12nd_i)^{-1/n}$$

代入式（4-1）整理得：

$$D = 1 - (1 + 12nd_i)^{-1/n} \qquad (4-5)$$

式（4-5）表明了在双曲递减规律下年产量递减率与初始月递减率之间的关系。该式对 $-10 \leqslant n \leqslant 10$ 的全部递减规律都是成立的，只是当 $n=0$ 时，需要用 $\lim_{n \to 0}(1 + nd_i t)^{-1/n} = e^{-d_i t}$ 进行代换。所以式（4-5）是式（4-2）至式（4-4）的通式。

式（4-2）至式（4-5）就是不同递减规律下年产能递减率与初始月递减率的关系式。在直线递减规律下的式（4-2）是最直观的，其年产能递减率是初始月递减率的 12

倍。在其余递减规律下，当 $n > -1$ 时，年产能递减率小于初始月递减率的 12 倍；当 $n < -1$ 时，年产能递减率大于初始月递减率的 12 倍。当 $n > -1$ 时，随递减指数和初始月递减率的增大，倍数关系减小（图 4-1）。

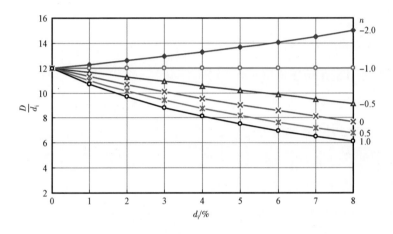

图 4-1　不同递减指数 n 下的 D—d_i 倍数关系对比图

二、年产量递减率与初始月递减率

为了研究问题方便，假设月度日历天数相同，均为 T 天。对于一个整年度：$t = 12$（mon），$\sum T = 12T$（d）。当阶段起点产量和年产量递减率（A）已知时，不管在哪种递减方式下，都可以用式（2-10）预测年度老井产量，即老井年产量（Q）为：

$$Q = 12q_0T(1 - A) \qquad (4-6)$$

根据图 3-3 的产量递减模式，年产量也是分月产量之和，即：

$$Q = q_1 T + q_2 T + \cdots + q_{12} T \qquad (4-7)$$

在特定递减规律下，可以用递减理论的产量与时间关系式计算分月日产水平，并把分月日产水平代入式（4-7）计算年度产量。理论上，式（4-6）与式（4-7）的计算结果是相等的。所以，把式（4-6）与式（4-7）联立求解就可以建立年产量递减率与初始月递减率的关系式。

1. 直线递减（$n = -1$）

根据表3-4中直线递减规律下产量与时间的关系式，年度内分月日产水平为：

第1月：$q_1 = q_0(1 - d_i)$

第2月：$q_1 = q_0(1 - 2d_i)$

$\vdots$　　　$\vdots$

第12月：$q_{12} = q_0(1 - 12d_i)$

把分月日产水平代入式（4-7），计算的年产量为：

$$Q = q_0(1 - d_i)T + q_0(1 - 2d_i)T + \cdots + q_0(1 - 12d_i)T$$

$$= q_0 T(12 - 78d_i)$$

$$= 12q_0 T(1 - 6.5d_i)$$

代入式（4-6）有：

$$12q_0 T(1 - A) = 12q_0 T(1 - 6.5d_i)$$

化简得：

$$A = 6.5d_i \qquad (4-8)$$

式（4-8）说明，在直线递减规律下，年产量递减率是初始月递减率的6.5倍。

2. 指数递减（$n = 0$）

根据表 3 – 4 中指数递减规律下产量与时间的关系式，年度内分月日产水平为：

第 1 月：$q_1 = q_0 \mathrm{e}^{-d_i}$

第 2 月：$q_2 = q_0 \mathrm{e}^{-2d_i}$

$\vdots \qquad\qquad \vdots$

第 12 月：$q_{12} = q_0 \mathrm{e}^{-12d_i}$

代入式（4 – 7）计算的年产量为：

$$Q = q_0 T(\mathrm{e}^{-d_i} + \mathrm{e}^{-2d_i} + \cdots + \mathrm{e}^{-12d_i})$$

代入式（4 – 6），消去 q_0、T 后有：

$$12(1 - A) = \mathrm{e}^{-d_i} + \mathrm{e}^{-2d_i} + \cdots + \mathrm{e}^{-12d_i}$$

整理后得：

$$A = 1 - \frac{1 - \mathrm{e}^{-12d_i}}{12(\mathrm{e}^{d_i} - 1)} \qquad\qquad (4 - 9)$$

式（4 – 9）表明了在指数递减规律下年产量递减率与初始月递减率之间的关系。

3. 调和递减（$n = 1$）

根据表 3 – 4 中调和递减规律下产量与时间的关系式，年度内分月日产水平为：

第 1 月：$q_1 = q_0 (1 + d_i)^{-1}$

第 2 月：$q_2 = q_0 (1 + 2d_i)^{-1}$

$\vdots \qquad\qquad \vdots$

第 12 月：$q_{12} = q_0 (1 + 12d_i)^{-1}$

代入式（4-7）计算的年产量为：

$$Q = q_0 T[(1 + d_i)^{-1} + (1 + 2d_i)^{-1} + \cdots + (1 + 12d_i)^{-1}]$$

代入式（4-6），消去 q_0、T 后有：

$$12(1 - A) = (1 + d_i)^{-1} + (1 + 2d_i)^{-1} + \cdots + (1 + 12d_i)^{-1}$$

整理后得：

$$A = 1 - \frac{1}{12}\Big[\sum_{j=1}^{12} (1 + jd_i)^{-1}\Big] \qquad (4-10)$$

式（4-10）表明了调和递减规律下年产量递减率与初始月递减率之间的关系。

4. 双曲递减（$-10 \leqslant n \leqslant 10$）

根据双曲递减规律下产量与时间的关系式，可以用以下步骤计算月度日产水平和年产量：

第 1 月：$q_1 = q_0 (1 + nd_i)^{-1/n}$

第 2 月：$q_2 = q_0 (1 + 2nd_i)^{-1/n}$

$$\vdots \qquad\qquad \vdots$$

第 12 月：$q_{12} = q_0 (1 + 12nd_i)^{-1/n}$

则式（4-7）的年产量为：

$$Q = q_0 T[(1 + nd_i)^{-1/n} + (1 + 2nd_i)^{-1/n} + \cdots + (1 + 12nd_i)^{-1/n}]$$

代入式（4-6）有：

$$12(1 - A) = (1 + nd_i)^{-1/n} + (1 + 2nd_i)^{-1/n} + \cdots + (1 + 12nd_i)^{-1/n}$$

即：

$$A = 1 - \frac{1}{12}\Big[\sum_{j=1}^{12} (1 + jnd_i)^{-1/n}\Big] \qquad (4-11)$$

式（4-11）表明了在双曲递减规律下年产量递减率与初始月递减率之间的关系。同样，式（4-11）对满足递减条件 $-10 \leqslant n \leqslant 10$ 全部递减规律都是成立的。

式（4-8）至式（4-11）就是不同递减规律下年产量递减率与初始月递减率的关系式，并以直线递减规律下的式（4-8）是最直观的。在直线递减规律下，年产量递减率是初始月递减率的 6.5 倍。在其余递减规律下，当 $n > -1$ 时，年产量递减率小于初始月递减率的 6.5 倍；当 $n < -1$ 时，年产量递减率大于初始月递减率的 6.5 倍。当 $n > -1$ 时，随递减指数和初始月递减率的增大，倍数关系减小（图 4-2）。

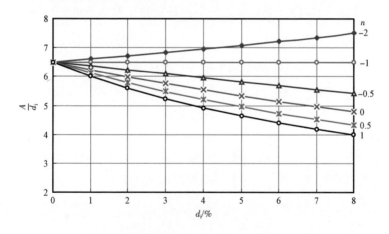

图 4-2　不同递减指数 n 下的 $A—d_i$ 倍数关系对比图

三、年产量递减率与年产能递减率

在本章的前面部分，已经讨论了年产量递减率、年产能递减率与初始月递减率的关系，建立了年度递减率指标与递减理

71

论关系表达式。为了更加直观地了解年产量递减率与年产能递减率的关系和差异性,需要建立年产量递减率与年产能递减率的直接关系表达式。

1. 直线递减($n = -1$)

由式(4-2)有:

$$d_i = \frac{1}{12}D$$

将d_i代入式(4-8),可以得到:

$$A = \frac{6.5}{12}D \approx 0.5417D \text{ 或 } D \approx 1.8461A \qquad (4-12)$$

式(4-12)是最直观的年产量递减率与年产能递减率关系式。在直线递减规律下,年产量递减率是年产能递减率的0.5417倍,或年产能递减率是年产量递减率的1.8461倍。

2. 指数递减($n = 0$)

由式(4-3)有:

$$e^{-12d_i} = 1 - D$$

解得:

$$d_i = -\frac{1}{12}\ln(1 - D)$$

$$= -\ln\sqrt[12]{1 - D}$$

在这里用到了一个对数公式:$\ln M^n = n\ln M$。

将d_i代入式(4-9),可以解得:

$$A = 1 - \frac{D\sqrt[12]{1 - D}}{12(1 - \sqrt[12]{1 - D})} \qquad (4-13)$$

式（4 - 13）的 A—D 关系式比较复杂，需要借助计算机才能进行相互换算。

3. 调和递减（$n = 1$）

由式（4 - 4）解得：

$$d_i = \frac{D}{12(1 - D)}$$

将 d_i 代入式（4 - 10），可以解得：

$$A = 1 - (1 - D)\left[\sum_{j=1}^{12}(12 - 12D + jD)^{-1}\right] \quad (4 - 14)$$

4. 双曲线递减（$-10 \leqslant n \leqslant 10$）

由式（4 - 5）有：

$$d_i = \frac{1 - (1 - D)^n}{12n(1 - D)^n}$$

代入式（4 - 11）可得：

$$A = 1 - \frac{1}{12}\left\{\sum_{j=1}^{12}\left[1 + j\frac{1 - (1 - D)^n}{12(1 - D)^n}\right]^{-1/n}\right\} \quad (4 - 15)$$

式（4 - 15）表明了在双曲递减规律下年产量递减率与年产能递减率之间的关系。该式对 $-10 \leqslant n \leqslant 10$ 的全部递减规律都成立，对式（4 - 15）分别取 $n = -1$、0、1，就可以得到式（4 - 12）至式（4 - 14）。

式（4 - 12）至式（4 - 15）就是不同递减规律下年产量递减率与年产能递减率的关系式。在直线递减规律下，年产能递减率为年产量递减率的约 1.8461 倍。在其余递减规律下，当 $n > -1$ 时，年产能递减率小于年产量递减率的 1.8461 倍；

当 $n < -1$ 时，年产能递减率大于年产量递减率的 1.8461 倍。

当 $n > -1$ 时，随递减指数和年产量递减率的增大，倍数关系减小（图 4 - 3）。

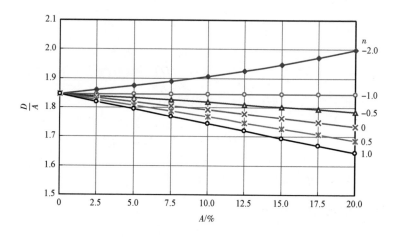

图 4 - 3 不同递减指数 n 下的 D—A 倍数关系对比图

从以上推导可以看出，年产量递减率、年产能递减率和初始月递减率之间有着密切的理论联系，其含义各不相同。在油气田年产量递减率已知时，要确定产能递减率还必须分析确定产量曲线的递减类型。同时，在本章的全部关系式中，只有直线递减规律下的关系式简单、直观，其余递减规律下的关系式非常复杂，必须借助计算机程序或编制换算数据表，才能广泛应用于实际生产中。

现将不同递减规律下年产量递减率（A）、年产能递减率（D）、初始月递减率（d_i）三者间理论联系的相互关系表达式列于表 4 - 1。

表4-1　年产量递减率、年产能递减率与初始月递减率关系式

递减类型	递减指数	A与d_i关系式	D与d_i关系式	A与D关系式
直线递减	$n=-1$	$A=6.5d_i$	$D=12d_i$	$A=0.5417D,\ D=1.8461A$
指数递减	$n=0$	$A=1-\dfrac{1-e^{-12d_i}}{12(e^{d_i}-1)}$	$D=1-e^{-12d_i}$	$A=1-\dfrac{D\sqrt[12]{1-D}}{12(1-\sqrt[12]{1-D})}$
调和递减	$n=1$	$A=1-\dfrac{1}{12}\Big[\displaystyle\sum_{j=1}^{12}(1+jd_i)^{-1}\Big]$	$D=1-(1+12d_i)^{-1}$	$A=1-(1-D)\Big[\displaystyle\sum_{j=1}^{12}(12-12D+jD)^{-1}\Big]$
双曲递减	$-10\leq n\leq 10$	$A=1-\dfrac{1}{12}\Big[\displaystyle\sum_{j=1}^{12}(1+jnd_i)^{-1/n}\Big]$	$D=1-(1+12nd_i)^{-1/n}$	$A=1-\dfrac{1}{12}\left\{\displaystyle\sum_{j=1}^{12}\Big[1+j\dfrac{1-(1-D)^n}{12(1-D)^n}\Big]^{-1/n}\right\}$

　　建立不同递减率关系式的意义还在于：已知一个递减率值，可以计算或估算另外两个递减率值。如给定年度老井配产和标定日产水平，可以用式（2－10）计算年产量递减率（A），由特定递减规律下 A 与 d_i 的关系式可以求出 d_i，从而建立起递减理论产量与时间的关系式进行分月产量运行安排；同样，在油气藏动态分析中，常常遇到由回归分析的初始月递减率的应用问题，有了上述的换算关系式，就可以根据初始月递减率 d_i 值的大小，定性判断年递减率 A、D 的大小，或定量计算年递减率 A、D 值。这就是建立不同递减规律下的 $A—d_i$、$D—d_i$、$A—D$ 关系式的重要意义。

　　由于年产量递减率的计算方法是原石油工业部于 1983 年颁布的，其分子是年度老井累计产量，所以指标受非地质因素影响相对较小，在开发数据管理中得到广泛应用。在进行产量预测时，首先是根据开发历史年度的产量构成分析计算年产量递减率指标，经过历史分析对比，再选取一个合理的年产量递减率预测未来年度的产量，根据递减理论把年产量分配到每一个月，编制年度生产运行曲线或再现产量构成曲线。这样就常常会遇到用年产量递减率来计算初始月递减率和年产能递减率的问题。在表 4－1 中，除 $n=-1$ 的直线递减关系式最为简单外，其余关系式都非常复杂，要转换为 $d_i—A$、$D—A$ 关系式有困难，只能用试凑法根据 A 值计算对应的 d_i、D 值。

　　为了方便 A、D、d_i 相互换算并在实际生产中应用，可以根据年产量递减率（A）计算初始月递减率（d_i）和年产能递减率（D）的换算关系制成数据表。

第二节　时间单位为天的不同递减率关系

以天为时间单位的产量递减分析在动态分析中经常遇到。以天为时间单位时，以月为时间阶段的阶段递减率一般不为油气藏工程所采用，所以本节只讨论以年为时间阶段的情况。

在油气藏动态分析中，经常对一口单井或一批单井的日生产数据进行递减回归分析，如何根据这种回归分析得到的初始日递减率换算为年递减率，这就需要建立以天为时间单位、以年为时间阶段的 A、D 与 d_i 关系式。

一、年产能递减率与初始日递减率

以年为阶段的年产能递减率对应的时间正好是 365 天（不考虑闰年，$t = 365d$），将表 3 - 4 中的产量和时间关系式取 $t = 365d$，就得到年末日产量，代入式（2 - 9），即可得到不同递减规律下年产能递减率与初始日递减率的关系式。

在计算整年度的年产能递减率时，把式（2 - 9）改写为：

$$D = 1 - \frac{q_{365}}{q_0} \qquad (4 - 16)$$

1. 直线递减（$n = -1$）

根据直线递减规律产量与时间关系式，递减到 365d 时的日产量为：

$$q_{365} = q_0(1 - 365d_i)$$

77

代入式（4-16）整理得：

$$D = 365d_i \qquad (4-17)$$

式（4-17）说明，在直线递减规律下，年产能递减率是初始日递减率的365倍。

2. 指数递减（$n = 0$）

根据指数递减规律产量与时间关系式，递减到365d时的日产量为：

$$q_{365} = q_0 e^{-365d_i}$$

代入式（4-16）整理得：

$$D = 1 - e^{-365d_i} \qquad (4-18)$$

3. 调和递减（$n = 1$）

根据产量与时间关系式，递减到365d时的日产量为：

$$q_{365} = q_0 \left(1 + 365d_i\right)^{-1}$$

代入式（4-16）整理得：

$$D = 1 - \left(1 + 365d_i\right)^{-1} \qquad (4-19)$$

4. 双曲递减（$-10 \leqslant n \leqslant 10$）

根据产量与时间关系式，递减到365d时的日产量为：

$$q_{365} = q_0 \left(1 + 365nd_i\right)^{-1/n}$$

代入式（4-16）整理得：

$$D = 1 - \left(1 + 365nd_i\right)^{-1/n} \qquad (4-20)$$

二、年产量递减率与初始日递减率

如果不考虑闰年，对于一个整年度，$t = 365d$。当阶段起点产量和年产量递减率（A）已知时，不管在哪种递减方式下，都可以用式（2-10）预测年度老井产量，即老井年产量（Q）为：

$$Q = 365q_0(1 - A) \qquad (4 - 21)$$

同时，在以"d"为时间单位时，年产量也是每天产量之和，即：

$$Q = q_1 + q_2 + \cdots + q_{365} \qquad (4 - 22)$$

在特定递减规律下，可以用递减理论产量与时间关系式计算每天的日产量，并把每天日产量代入式（4-22）计算年度产量。理论上，式（4-21）和式（4-22）的计算结果是完全相等的。因此，把式（4-21）和式（4-22）联立求解就可以建立年产量递减率与初始日递减率的关系式。

1. 直线递减（$n = -1$）

根据直线递减规律产量与时间的关系式，年度内每天产量为：

第 1 天：$q_1 = q_0(1 - d_i)$

第 2 天：$q_2 = q_0(1 - 2d_i)$

　　$\vdots$　　　$\vdots$

第 365 天：$q_{365} = q_0(1 - 365d_i)$

代入式（4-22）计算的年产量为：

$$Q = q_0(1 - d_i) + q_0(1 - 2d_i) + \cdots + q_0(1 - 365d_i)$$

$$= q_0(365 - 183 \times 365d_i)$$

$$= 365q_0(1 - 183d_i)$$

代入式（4-21）有：

$$365q_0(1 - A) = 365q_0(1 - 183d_i)$$

化简得：

$$A = 183d_i \qquad (4-23)$$

式（4-23）说明，在直线递减规律下，年产量递减率是初始日递减率的 183 倍。

2. 指数递减（$n = 0$）

根据指数递减规律产量与时间的关系式，年度内每天产量为：

第 1 天：$q_1 = q_0 e^{-d_i}$

第 2 天：$q_2 = q_0 e^{-2d_i}$

$\vdots \qquad\qquad \vdots$

第 365 天：$q_{365} = q_0 e^{-365d_i}$

代入式（4-22）计算的年产量为：

$$Q = q_0(e^{-d_i} + e^{-2d_i} + \cdots + e^{-365d_i})$$

代入式（4-21），消去 q_0 后有：

$$365(1 - A) = e^{-d_i} + e^{-2d_i} + \cdots + e^{-365d_i}$$

整理后得：

$$A = 1 - \frac{1 - e^{-365d_i}}{365(e^{d_i} - 1)} \qquad (4-24)$$

式（4-24）表明了在指数递减规律下年产量递减率与初始日递减率之间的关系。

3. 调和递减（$n=1$）

根据调和递减规律产量与时间的关系式，年度内每天产量为：

第 1 天：$q_1 = q_0 (1 + d_i)^{-1}$

第 2 天：$q_2 = q_0 (1 + 2d_i)^{-1}$

$\vdots \qquad\quad \vdots$

第 365 天：$q_{365} = q_0 (1 + 365d_i)^{-1}$

代入式（4-22）计算的年产量为：

$$Q = q_0 [(1 + d_i)^{-1} + (1 + 2d_i)^{-1} + \cdots + (1 + 365d_i)^{-1}]$$

代入式（4-21）有：

$$365(1 - A) = (1 + d_i)^{-1} + (1 + 2d_i)^{-1} + \cdots + (1 + 365d_i)^{-1}$$

整理后得：

$$A = 1 - \frac{1}{365}\Big[\sum_{j=1}^{365} (1 + jd_i)^{-1}\Big] \qquad (4-25)$$

式（4-25）表明了调和递减规律下年产量递减率与初始日递减率之间的关系。

4. 双曲递减（$-10 \leqslant n \leqslant 10$）

根据双曲递减规律产量与时间的关系式，年度内每天产量为：

第 1 天：$q_1 = q_0 (1 + nd_i)^{-1/n}$

第 2 天：$q_2 = q_0 (1 + 2nd_i)^{-1/n}$

$\vdots \qquad\quad \vdots$

第 365 天：$q_{365} = q_0 (1 + 365nd_i)^{-1/n}$

81

代入式（4-22）的年产量为：

$$Q = q_0 \left[(1 + nd_i)^{-1/n} + (1 + 2nd_i)^{-1/n} + \cdots + (1 + 365nd_i)^{-1/n} \right]$$

代入式（4-21）有：

$$365(1 - A) = (1 + nd_i)^{-1/n} + (1 + 2nd_i)^{-1/n} + \cdots +$$
$$(1 + 365nd_i)^{-1/n}$$

即：

$$A = 1 - \frac{1}{365} \left[\sum_{j=1}^{365} (1 + jnd_i)^{-1/n} \right] \qquad (4-26)$$

式（4-26）表明了在双曲递减规律下年产量递减率与初始日递减率之间的关系。该式对满足递减条件 $-10 \leqslant n \leqslant 10$ 全部递减规律都是成立的。

式（4-17）至式（4-20）、式（4-23）至式（4-26）就是不同递减规律下年递减率与初始日递减率的关系式。只要根据动态分析中得到的初始日递减率，就可以根据式（4-17）至式（4-20）换算为相应递减规律下的年产能递减率，根据式（4-23）至式（4-26）换算为相应递减规律下的年产量递减率。对于没有开发历史或开发历史较短的油气藏，如果有一定数量的试采井或开发试验区生产资料，就可以根据对这些井的递减分析，估算出该油气藏的年递减率，再与开发历时较长的同类油气藏对比，确定出适合本油气藏的年递减率指标，并以此作为编制开发方案的依据。

现将不同递减规律下年产量递减率（A）、年产能递减率（D）、初始日递减率（d_i）三者间理论联系的相互关系表达式列于表4-2。

表4-2　年产量递减率、年产能递减率与初始日递减率关系式

递减类型	递减指数	A 与 d_i 关系式	D 与 d_i 关系式
直线递减	$n = -1$	$A = 183d_i$	$D = 365d_i$
指数递减	$n = 0$	$A = 1 - \dfrac{1 - e^{-365d_i}}{365(e^{d_i} - 1)}$	$D = 1 - e^{-365d_i}$
调和递减	$n = 1$	$A = 1 - \dfrac{1}{365}\left[\displaystyle\sum_{j=1}^{365}(1 + jd_i)^{-1}\right]$	$D = 1 - (1 + 365d_i)^{-1}$
双曲递减	$-10 \leqslant n \leqslant 10$	$A = 1 - \dfrac{1}{365}\left[\displaystyle\sum_{j=1}^{365}(1 + jnd_i)^{-1/n}\right]$	$D = 1 - (1 + 365nd_i)^{-1/n}$

第三节　不同递减规律对年末产能的影响程度

对于年度产量构成，当年产量递减率一定时，不同递减规律下的年产量是相同的，不同递减规律对产量递减的影响只表现在年末生产能力的不同，即只影响年产能递减率。这就提出了在编制每年的产量运行计划时，对老井产量运行曲线应该采用何种递减规律的问题。

为了得到不同递减率规律下对年产能递减率影响的定量认识，表4-3列举了一般油气田在常见年产量综合递减率指标下，几种不同递减率规律对年产能递减率的影响结果。虽然一般油区的老井年产量自然递减率较大（10%~25%），但与新井产能建设工作量密切相关的是老井年产量综合递减

率，且全国各油区的年产量综合递减率一般都比较小，正常值在 5%~10% 的范围（全国平均在 7% 左右）。在此范围内，只要考察递减指数在常见范围（$-1 \leqslant n \leqslant 1$）内变化时对年末生产能力的影响有多大，就可以回答应该采用何种递减规律的问题。

表 4-3　不同递减规律对年产能递减率的影响

A	D				
	$n = -1$	$n = -0.5$	$n = 0$	$n = 0.5$	$n = 1$
5.0	9.23	9.16	9.10	9.03	8.97
7.5	13.85	13.69	13.55	13.40	13.27
10.0	18.46	18.18	17.92	17.67	17.44
12.5	23.08	22.63	22.22	21.84	21.49
15.0	27.69	27.04	26.45	25.91	25.42

在年产量递减率正常值范围内，递减指数在 $-1 \leqslant n \leqslant 1$ 范围内变化时，引起年产能递减率的绝对误差在 0.26%~1.02% 之间。并且，不同递减规律对年产能递减率的影响程度是随年产量综合递减率的增加而增大。由于全国的大部分油区年产量综合递减率在 10% 以内，因此，用不同递减规律安排年度老井生产运行结果，对年产能递减率影响的绝对误差小于 1%。而指数递减规律的误差又基本位于这个误差限的中点，调和递减相对于指数递减的绝对误差为 0.13%~0.48%，直线递减相对于指数递减的绝对误差为 0.13%~0.54%。也就是说，当年产量递减率小于 10% 时，直线递减与调和递减相对于指数递减的绝对误差基本上小于 0.5%。

在常见的递减规律（$-1 \leqslant n \leqslant 1$）和年产量综合递减率

（5%～10%）范围内，采用指数递减规律来安排年度生产运行，可以把对老井年末生产能力的预测误差控制在0.5%以内，或者说对新井产能建设工作量的预测误差可以控制在0.5%以内，这样的预测结果对年度计划表来说已经是非常精确的。因此，在一般油田，尤其是油区的年产量综合递减率范围内，不同递减规律对年产能递减率的影响是非常小的。编制预测年度产量构成曲线和生产运行曲线时，可以不去考虑年度内老井产量递减属于何种递减规律，而统一采用指数递减规律进行编制。

第四节 不同递减率相互换算应用实例

一、编制年度生产运行

例1：某油田上年12月标定日产水平（q_0）为2740t，预测年度老井的年产量递减率为10%。用不同递减规律编制老井分月产量运行安排，并计算年产能递减率。

解答：

在已知年度标定日产水平和年产量递减率时，可以直接用式（2-10）计算老井年产量，计算结果为$90.0090 \times 10^4 t$。

根据表3-4中广义Arps递减理论产量与时间关系式，递减指数分别取为$n = -1$、-0.5、0、0.5、1等五种递减类型进行年度老井产量运行安排。

由 A 与 d_i 关系式计算得到与递减指数相对应的初始月递减率为：

调和递减规律时：$n = 1$，$d_i = 1.7605\%$。

双曲线递减规律：$n = 0.5$，$d_i = 1.7021\%$。

指数递减规律时：$n = 0$，$d_i = 1.6457\%$。

双曲线递减规律：$n = -0.5$，$d_i = 1.5912\%$。

直线递减规律时：$n = -1$，$d_i = 1.5385\%$。

在 q_0、n、d_i 参数为已知时，可以建立相应的产量与时间关系式计算分月日产水平，用分月日产水平乘以当月日历天数计算月产油、累加计算年产油，用式（2-9）或表4-1中的关系式计算年产能递减率，计算结果见表4-4。

表4-4 产量运行安排与指标测算表

月份	日产量/t				
	直线递减 $n = -1$	负双曲递减 $n = -0.5$	指数递减 $n = -0$	正双曲递减 $n = 0.5$	调和递减 $n = 1$
1	2698	2697	2695	2694	2693
2	2656	2653	2651	2649	2647
3	2614	2611	2608	2605	2603
4	2571	2568	2565	2563	2560
5	2529	2526	2524	2521	2518
6	2487	2485	2482	2480	2478
7	2445	2443	2442	2441	2439
8	2403	2402	2402	2402	2402
9	2361	2362	2363	2364	2365
10	2318	2321	2324	2327	2330

续表

月份	日产量/t				
	直线递减 $n = -1$	负双曲递减 $n = -0.5$	指数递减 $n = -0$	正双曲递减 $n = 0.5$	调和递减 $n = 1$
11	2276	2281	2286	2291	2295
12	2234	2242	2249	2256	2262
年产油/t	899687	899696	899704	899710	899713
产能递减率/%	18.46	18.18	17.92	17.67	17.44

由表 4-4 可以得出如下结论。

（1）用式（2-9）计算的年产能递减率与用表 4-1 关系式计算的结果是完全一致的。

（2）在相同的起点日产水平和年产量递减率下，初始递减率是随着递减指数的增大而增大的，直线递减最小，指数递减居中，调和递减最大；但实际运行结果的年产能递减率则以直线递减最大，指数递减居中，调和递减最小。

（3）分月运行结果的年产油量与式（2-10）直接计算结果有 $-0.0419\% \sim -0.0448\%$ 的相对误差，即运行结果略微偏低，这主要是每个月的日历天数不同造成，误差很小，可不必进行时间校正。

二、老井产量预测

由于开发时间较长，油田产量可能已经进入递减阶段，因此可以分析确定产量随时间的变化关系式。利用 q_t—t 关系式、式（2-9）和式（2-10）可以很方便地进行分年产量和递减率指标预测，这种用法与传统 Arps 递减理论在动态分析中的应用是一致的。

例2：假设某油田在 1990 年 11 月投入全面开发，统计分析油田产量在 1993 年 10 月至 1995 年 12 月间的产量变化遵循调和递减规律，关系式为：

$$q_t = 3000 \, (1 + 0.01368t)^{-1}$$

以此预测未来 5 年的年产油和递减率指标。

解答：

利用给定的 q_t—t 关系式计算预测期的分月日产水平，再计算月产油和年产油。计算结果可根据需要输出，只要有 12 月日产水平（第一个预测年要有上一年 12 月的日产水平）和年产油量，就可根据式（2 - 9）和式（2 - 10）进行年递减率指标计算。预测结果见表 4 - 5。

表 4 - 5　油田产量与年递减率指标预测表

年份	12 月日产油/ t	年产油/ 10^4t	年递减指标	
			产量递减率/%	产能递减率/%
1995	2213			
1996	1974	75. 86	6. 08	10. 80
1997	1781	68. 11	5. 47	9. 78
1998	1623	61. 79	4. 94	8. 87
1999	1491	56. 55	4. 54	8. 13
2000	1378	52. 13	4. 21	7. 58

需要注意的是：关系式中的时间起点（$t = 0$）是在 1993 年 10 月，不能直接使用 A—d_i、D—d_i 关系式计算年递减率，而必须用式（2 - 9）和式（2 - 10）来计算。年递减率逐年变

小，正是体现了调和递减规律的特点。

表 4-5 表明，该油田的这批开发井在预测期的年产量综合递减率最大为 6.08%，到第 5 年减小到 4.21%，这个综合递减率指标在各类油田中是比较低的，但尽管如此，油田的生产能力已经从预测初期的 2213t/d 下降到预测期末的 1378t/d，下降幅度为 37.73%。因此，一个油田，尤其是油区，如果没有年度产能建设补充新井生产能力，即使综合递减率较小，其产量下降速度也是很快的。

例 3：某气田 9 口井在年内前 268 天的实际生产数据曲线如图 4-4 所示，用指数递减回归的表达式为：$q_t = 19.0998e^{-0.001455t}$，$R^2 = 0.7918$。请根据回归参数预测该年度的产能递减率和产量递减率。

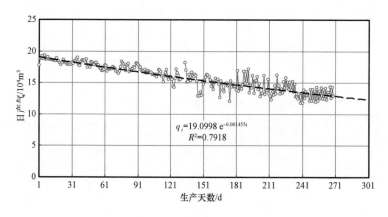

图 4-4　9 口气井实际生产曲线

解答：

首先，回归方程的相关系数为 0.89（复相关系数开平方计算），说明数据点的相关性较好。

其次，根据回归方程可知，$d_i = 0.001455$，即初始日递减率为 0.1455% 。

预测年递减率可以采用 $A—d_i$、$D—d_i$ 关系式直接计算。公式计算为：

将 d_i 代入式（4 – 18）有：

$$D = 1 - e^{-365 \times 0.001455} = 0.4120$$

即年产能递减率为 41.20% 。

将 d_i 代入式（4 – 24）有：

$$A = 1 - \frac{1 - e^{-365 \times 0.001455}}{365(e^{0.001455} - 1)} = 0.2247$$

即年产量递减率为 22.47% 。

计算结果表明，这 9 口井在该时间段的产量递减是非常严重的。如果没有把初始日递减率换算为年递减率，很难想象到这 9 口井的年递减率是如此大、产量递减会如此严重。

第五章　规划计划方案中
关键指标分析

用于中长期规划、年度计划及动态分析的油气田开发指标较多，主要包括产液量、产油量、综合含水率、采油速度、采出程度、采收率、储采比等，其核心指标是产量变化。

本章从产能建设的目的出发，对生产能力做了规范性定义，形成了对油气、新老区产能的完整表述和统一的计算方法。基于历史产能建设数据，重新构建了一套生产能力、钻井数、进尺、单井日产水平、投资额等合理的产能建设规划计划指标体系，建立了年产量递减率、年措施增油率、年新井增油率、年产能替换率与产能转化率等开发指标之间的关系，可直接反映出年度开发工作所产生的效果和对年度生产的贡献，用于油气田开发规划标定产量、产能建设工作量、产量运行等部署安排。

第一节　生　产　能　力

在油气田开发工作中，经常用到生产能力（简称"产能"）的概念。例如，单井产能、老井产能、新井产能、新建产能、区块产能、油田产能等，但对油气产能至今也没有一个完整的表述和统一的计算方法。

一、规范定义的必要性

单井日产能力也称为单井产能，它代表了单井连续开井24h能够产出多少油气产量。对于区块或油气田、油气区的产能，是不是也可以用类似单井产能的概念来表述呢？或者说，一个油气田的生产能力是不是其全部单井的生产能力之和呢？

对于油气田新建产能的表述，在石油行业标准中虽有明确规定，但也颇受争议。

以石油行业开发管理为例，对于油气田开发的产能建设，明确规定新建产能的计算方法为：

油田新建产能 = 井数 × 单井配产 × 300d/10000

气田新建产能 = 井数 × 单井配产 × 330d/10000

对于油田开发，产能的单位是"$10^4 t/a$"，对于气田开发，产能的单位是"$10^8 m^3/a$"。

如果这种方法定义新建产能是可行的，那么，与之对应的老井产能又该如何定义呢？

如果新井单井配产代表了新井在投产后一定时期内的平均单井产能，那么，这一定时期是几个月呢？到底是一定时期内几个月的平均单井产能或是到某月时的单井产能呢？油田新建产能乘300天、气田新建产能乘330天的依据又是什么呢？

如果一个油气田的老井产能是所有老井的单井产能之和，对于一个较大的油气田或油气区，一年中的任何一天都不可能实现全部单井连续开井生产。反过来说，这个产能在一年中的任何一个月（甚至任何一天）都没有出现过，说明它是虚的，是不存在的。再者，若以新建产能确定方法来确定老井产能，气田产能的计算与油田产能为何不一样呢？

正是由于这些问题的存在，各油气田对产能的理解和取值就没有了统一的标准。如果新井效果不好，又要完成产建计划任务，就可能人为将单井配产提高；新建产能在未来年度产量与产能出现较大差距时，又归结到产能到位率低等客观原因。其实，究其根源还是对油气田产能的定义不合理造成。

对于油气生产企业来讲，年度产能建设的直接目的有两个：一是弥补老井产量递减减少的年产油（气）量，二是弥补老井产量递减减少的年末日产水平。如果新井的补充量小于老井的递减量，则产量会出现下降；如果新井的补充量不小于老井的递减量，则产量会稳定或上升。因此，新井产能建设是为一个单位的产量目标服务的，或者说是为老井的产量递减服务的。

从产能建设的目的出发，提出产能建设的计算或计划的依据应该是老井产量的递减和老井生产能力的递减。换句话说，年度产能建设工作量的计算或年度计划的依据应该是老井的年产量综合递减率和年产能综合递减率。

因此，要定义新井产能，就必须要首先定义老井产能。并且，新井产能的定义必须是与老井产能完全一致的。

二、生产能力的定义

所谓生产能力，应当是油气田在某时间点（即某月）的正常产量，单位是"t/d"或"$10^4 m^3/d$"，其折算年产能力单位为"$10^4 t/a$"或"$10^8 m^3/a$"。是可以在某个时间点达到的油气产量，是实际生产中存在的油气产量。从这个角度出发，单井产能的定义是正确的，但把油气田产能看成是单井产能之和又是不恰当的。

根据产量构成原理（图 3 - 2）分析，在同一条老井综合产量曲线或老井自然产量曲线上，产量曲线上每个时间点的产量，从理论上讲它就是该时间点的生产能力，因为从该时间点出发，后面时间点的产量就再不可能比它高了。结合式（2 - 9）和式（2 - 10）分析，公式的分母就是该时间段内不存在递减的理想产量，从理论上讲它就可以理解为折算年生产能力，它们在数值上是相同的。

在图 3 - 2 的产量构成图上，每个时间点的日产水平都是由老井自然日产水平、措施增加日产水平和新井日产水平这三部分产量组成的，可以把一个油气田在该时刻的生产能力理解为老井自然生产能力、措施增加生产能力和新井生产能力之和，如果没有措施或不考虑措施增加产能，则该时间点的生产能力就只有老井产能和新井产能两部分。

上述分析充分说明，不论是对油田还是气田开发，新井产能和老井产能的定义与计算方法都必须是完全一致的。本文推荐的油气田生产能力表达式为：

$$Q_p = 0.0365 q_t \qquad (5 - 1)$$

式中　0.0365——折算系数；

　　q_t——开发单元在某月对应的正常日产水平，即日生产能力，t/d 或 $10^4 m^3/d$（天然气）；

Q_p——由时间点日生产能力折算的年生产能力，$10^4 t/a$

或 $10^8 m^3/a$（天然气）。

在图 3-3 的理论曲线上，任何时间点的日产水平都代表了油气田在该时间点的生产能力。而年末生产能力就是下一个年度的起点生产能力。检查、核定年末生产能力的重要性体现在：年度开发工作效果是否达到年初预期？是否为下一年度生产开好头、起好步、打好基础？

与计算年递减率公式比较，如果式（5-1）中取 $t=0$，这样式（5-1）的值正好就是式（2-9）和式（2-10）计算年递减率的分母值。因此，将生产能力这样定义，不但可以把新井、老井生产能力的定义统一起来，还可以把生产能力与年递减率、年增油率、产能替换率等指标从本质上联系在一起。

由于产量递减曲线对油田、气田的开发生产都是适用的，因此不论是油田还是气田、不论是新井还是老井，其生产能力都可以用式（5-1）来计算，这样就统一了对生产能力的理解和认识。同时，与日产水平一样，生产能力也是一种带有时间单位的瞬时量，对于油田开发，生产能力单位为 t/d 或 $10^4 t/a$；对于气田开发，生产能力单位为 $10^4 m^3/d$ 或 $10^8 m^3/a$。

用式（5-1）研究开发历史中新建产能与建产区地质条件、钻井数、进尺、单井日产水平、投资额等关系，理顺计划投资与效果的关系，重新构建一套合理的产能建设规划计划指标体系，对今后的油气田开发管理是非常必要的。

尤其要强调的是，用于老区稳产的产能建设投资是为了弥补当年老井递减留下的产量和产能缺口，所以投产时间必须限制在当年，并以投产时间归集投资年度。没有在当年投产的井，在哪个年度投产就归为哪个年度的产能建设井数和投资。但如果为了争取年度开发生产的主动性，当年产能建设的计划井适度提前到上年钻井是可行的，因为这样做可以有效弥补1月、2月份出现的老井产量递减。但如果投产时间也提前，按照开发数据管理规定，对于投资年度，它就不是新井而是老井。大量的产建工作量提前钻井和投产的结果就是寅吃卯粮，必将对后期开发造成不良影响。

第二节　老井年递减率

年递减率是指年度老井在年度内的产量递减结果。由于年递减率是阶段递减率，因此可以分为年产量递减率和年产能递减率。又因为老井增产措施的存在，把年产量递减率又分为年产量自然递减率和年产量综合递减率，把年产能递减率分为年产能自然递减率和年产能综合递减率。实际生产中对年产能自然递减率涉及较少，但如果把它与年产能综合递减率相结合，则可以定量分析老井措施对老井产能的恢复情况。

一、老井年产量自然递减率

把年度老井自然产油量相对于起点理想年产量的递减定义

为年产量自然递减率。

把产量构成图中的年度老井自然产油量用 Q_{I} 表示，单位为 t 或 10^4 t。老井自然产油量是年度产油量构成的重要组成部分。对于一个已经投入全面开发的油气田，这一部分产油量是年产油量中比例最大的。根据式（2 – 10），年产量自然递减率（A_{zr}）计算方法为：

$$A_{zr} = 1 - \frac{Q_{\mathrm{I}}}{q_0 \sum T} \qquad (5 - 2)$$

因此，老井年产量自然递减率反映的是老井在自然递减状态下减少的年产油量。在产量构成图上，老井自然递减减少的年产油量是通过老井措施和新井投产两种途径得到部分弥补或全部弥补的。

二、老井年产量综合递减率

把年度老井产油量相对于起点理想年产量的递减定义为年产量综合递减率。

把产量构成图中的年度老井措施增油量用 Q_{II} 表示，单位为 t 或 10^4 t。显然老井年产油量是老井自然产量与措施增油量之和。由于措施增油量受年度生产成本和措施效果影响较大，因此综合递减率波动性较大。根据式（2 – 10），年产量综合递减率计算方法为：

$$A_{zr} = 1 - \frac{Q_{\mathrm{I}} + Q_{\mathrm{II}}}{q_0 \sum T} \qquad (5 - 3)$$

因此，老井年产量综合递减率反映的是老井在综合递减状态下减少的年产油量。在产量构成图上，老井综合递减减少的年产油量是通过新井投产来实现部分弥补或全部弥补的。

第三节　年增油率

年增油率包括由老井措施增油量计算的年措施增油率和用新井当年产油量计算的年新井增油率。从产量构成图上可以直观看出，它们的对比起点都是年初起点理想年产量（数值上等于生产能力）。

一、年措施增油率

老井年措施增产油量是老井在自然生产能力水平上，通过各种治理措施增加的年产油，位于产量构成图（图3-2）中部的曲边三角形区域，是弥补老井自然递减的重要组成部分。这些增产措施包括补孔、压裂、酸化、堵水、改变工作制度等。老井措施在补充年产油量的同时，还恢复了老井的生产能力，它与产能建设的作用和重要性完全是一样的。由于$Q_I + Q_{II}$的部分是老井在年度内的全部产油量，根据式（2-10），把用$Q_I + Q_{II}$计算的老井递减率定义为老井年产量综合递减率。显然，如果没有措施增油量的存在，老井的年产量自然递减率和年产量综合递减率值是相等的。

为了分析措施增油量对油田生产的贡献和对产量递减率值的影响，可以把老井措施增油量与年度起点理想年产量（数值上等于生产能力）的比值定义为年措施增油率，用 C_z 表示，单位为小数或%。其计算方法为：

$$C_z = \frac{Q_{\mathrm{II}}}{q_0 \sum T} \qquad (5-4)$$

显然，老井的年措施增油率就是老井年自然递减率 A_{zr} 与年综合递减率 A_{zh} 的差值。即：

$$C_z = A_{zr} - A_{zh}$$

在一定的开发阶段内，措施增油率的高低主要受生产成本和老井生产潜力的影响，即使在年产量自然递减率稳定的情况下，只要措施增油率变化，油田的年产量综合递减率也会随之变化。

对于一个油田或油区的开发，需要把眼前利益与长远利益相结合，做到油田生产有较好的合理性和相对稳定的持续性。要实现这一目的，在利用油田生产潜力，尤其是动用剩余油层潜力时，既要考虑到当前年度的生产，又要顾及年度间生产的平稳衔接。编制油气田的年度或中长期开发规划，目的不应该放在寻求某个年度产量的最大化，而是要寻求每个年度合理的产量水平。因此，对于一个油区的开发，保持合理的措施增油率对生产的平稳性是非常重要的。

二、年新井增油率

把产量构成图中的年度新井产油量用 Q_{III} 表示，单位为 t 或 $10^4 t$。新井当年产油量是在老井（综合）产量基础上对油田产油量的补充，它部分或完全弥补了老井综合递减减少的产油量缺口。如果新井当年产油量和生产能力等于老井综合递减减少的产油量和生产能力，油田年产油量和年末生产能力就可以保持稳定；如果新井当年产油量和生产能力大于老井综合递减减少的产油量和生产能力，油田年产油量和年末生产能力将上升；反之亦然。根据图3-2和式（2-10）定义的年产量综合递减率，年度新井产油量就是老井年产量综合递减率与起点生产能力值乘积的一部分或全部，而年末新井补充的日产水平就是老井年产能递减率与起点生产能力值乘积的一部分或全部。因此，新井产能建设在为油田补充生产能力的同时，还为当年补充了新井产油量，更为老井措施提供了源源不断的生产潜力资源。

对于一个全面开发的油区，新井产量的补充主要受油区勘探程度、储量资源与品位、产能建设投资、开发效果、国际油价和经济效益的影响。这里仅从技术的角度建立新井产能建设与老井递减的定量关系。

为了分析新井当年产油量对油田生产的贡献及其与老井产量递减的关系，可以把新井当年产油量与年度起点理想年产量（数值上等于生产能力）的比值定义为年新井增油率，用 C_n 表示，单位为%。其计算方法为：

$$C_n = \frac{Q_{\text{Ⅲ}}}{q_0 \sum T} \qquad (5-5)$$

当油田开发处于稳产状态时，新井增油量与老井递减减少的产油量相等，从而有年新井增油率与老井年产量综合递减率相等。即：

$$C_n = A_{\text{zh}}$$

此时的老井自然递减率也可以表示为：

$$A_{zr} = C_z + C_n$$

定义增油率的思想正是源于老井措施和产能建设在油田开发生产中的贡献和作用，把递减率和增油率选用相同的基数作为分母，形成了递减与递增的对应关系，油田产量形势正是这种此消彼长的结果。

对于一个处于稳产的油田，如果标定日产水平偏低，计算的年产量自然递减率、年产量综合递减率就偏小，年措施增油率和新井增油率就偏大，结果是递增大于递减，与产量形势相矛盾；相反，如果标定日产水平偏高，计算的年产量自然递减率、年产量综合递减率就偏大，年措施增油率和新井增油率就偏小，结果是递增小于递减，也与产量形势相矛盾。说明只有标定日产水平合理，对年度增减指标的计算才是合理的，这样就避免了一些人为干预标定产量的问题。老井自然递减率与措施增油率、新井增油率相结合，为年度计划方案编制提供了重要且可靠的理论依据。

第四节　产能替换率与产能转化率

一、产能替换率

产能建设的目的是部分或完全弥补老井综合递减减少的产能和产量，从而实现油田的稳产、上产或减缓油田产量的总递减。产能替换率指产能建设工作到年末实际补充的新井产能

（以 Q_{pn} 表示）与老井递减减少产能（$0.0365q_0D$）的比值。

产能替换率表达式为：

$$r = \frac{Q_{pn}}{0.0365q_0D} \quad\quad (5-6)$$

式中　r——产能替换率；

Q_{pn}——产能建设在年末补充的新井产能，$10^4 t/a$。

根据式（5-1）对生产能力的定义，年末新井产能 $Q_{pn}=0.0365q_{n12}$（q_{n12} 为 12 月补充的新井日产水平），代入式（5-6）有：

$$r = \frac{0.0365q_{n12}}{0.0365q_0D} = \frac{q_{n12}}{q_0D}$$

再根据式（2-9）代换后有：

$$r = \frac{q_{n12}}{q_0 - q_{12}} \quad\quad (5-7)$$

即产能替换率也是新井年末补充的日产水平与老井递减减少的日产水平的比值。

假设每个月补充的新井日产水平与老井递减掉的日产水平的比值是相同的，即每月保持产能替换率不变，则可以把每个月需要补充的新井日产水平表示为：

$$q_{nt} = r(q_0 - q_t)$$

把式（2-2）代入有：

$$q_{nt} = rq_0[1 - (1 + nd_it)^{-1/n}] \quad\quad (5-8)$$

式（5-8）说明，每月应补充新井日产水平的多少是由老井递减情况决定的。根据此式可以预测产能建设在每个月需要补充的新井日产水平，即安排年度新井产量运行。

1 月日产水平：$q_{n1} = rq_0[1 - (1 + nd_i)^{-1/n}]$

2 月日产水平：$q_{n2} = rq_0[1 - (1 + 2nd_i)^{-1/n}]$

$$\vdots \qquad\qquad \vdots$$

12 月日产水平：$q_{n12} = rq_0[1 - (1 + 12nd_i)^{-1/n}]$

假设每月的日历天数是相同的，均为 T 天，则新井年产油量为：

$$Q_{\text{III}} = q_{n1}T + q_{n2}T + \cdots + q_{n12}T$$

代入分月日产水平后整理有：

$$Q_{\text{III}} = rq_0T\Big[12 - \sum_{j=1}^{12}(1 + jnd_i)^{-1/n}\Big]$$

$$= 12Trq_0\Big[1 - \frac{1}{12}\sum_{j=1}^{12}(1 + jnd_i)^{-1/n}\Big]$$

把此式与双曲递减规律下年产量递减率与初始月递减率关系式（4 - 11）对比，中括号内的部分正好等于年产量递减率，说明新井产量弥补的正是老井产量综合递减。对一个整年度，$12T = \sum T = 365\text{d}$，同时年产量单位为 10^4t。所以有：

$$Q_{\text{III}} = 12Tq_0rA_{zh}/10000 = 0.0365q_0rA_{zh}$$

即：

$$r = \frac{Q_{\text{III}}}{0.0365q_0A_{zh}} \qquad\qquad (5 - 9)$$

因此，产能替换率也可理解为，新井当年产油量与老井产量综合递减减少的产油量的比值。

根据新井增油率（C_n）定义式（5 - 5），式（5 - 9）也可表示为：

$$r = \frac{C_{\mathrm{n}}}{A_{\mathrm{zh}}} \qquad (5-10)$$

式（5-10）表明，理论上的产能替换率也是新井增油率与老井综合递减率的比值，即对于老井递减减少那部分产能和产油量，被替换掉的产能与被替换掉的产油量是等价的。由于新井增油率与老井综合递减率是全年的累计值，因此，用式（5-10）计算产能替换率的误差比式（5-6）小，可靠性更好。

影响产能替换率的主要因素有以下四个方面。

（1）已开发区的内部潜力：包括完善注采井网、细分开发层系、加密井网和在死油区钻井等。

（2）储量资源与增长潜力：包括已探明未动用储量、滚动新增加储量、勘探新增储量等。

（3）开发经济效益因素：包括年度开发的经济效益、年度投入资金的长远效益等。

（4）国际油价变化：油价较高时，可以增加对低品位储量的有效动用。

如果一个油区的开发不受储量资源的制约，则其产量形势主要受经济效益的影响。相反，如果油区开发经济效益较好，但储量资源短缺，则其产量形势就主要受后备储量资源与增长潜力的制约。在一定的宏观控制条件下，可以通过产能替换率来研究老区内部产能建设潜力、新区动用储量潜力、开发经济效益与油区稳产的关系，提出与油区产量走势相适应的年度增储、建产、开发经济效益等指标。

二、产能转化率

产能转化率是指新井当年产油量与新井年末生产能力值的比值，用 ρ 表示，单位为% 。表达式为：

$$\rho = \frac{Q_{\text{III}}}{Q_{\text{pn}}} \qquad (5-11)$$

代入式（5-6）和式（5-9）有：

$$\rho = \frac{A_{\text{zh}}}{D} \qquad (5-12)$$

也就是说，理论上的新井产能转化率实际上是由老井年产量综合递减率与年产能递减率比值决定的。为了实现这一目标，年度产能建设工作可以根据每个月的新井产量需求倒排产建工作运行，以此确保年度产量任务的顺利完成。这也从理论上提出，每年在 1 月、2 月投产的新井需要提前到上年钻井。当然，也有的生产单位在年度产量比较主动时不需求新井产能转化率，或在年度配产中不考虑新井产量。

根据第四章对 A、D 关系的研究，在指数递减规律下，A/D 值约为 56% 。对于油田开发，实际生产统计的 A/D 值为 55%~60% ，因此只要年度产能建设能够达到计划要求，新井产能转化率的理论值是可以达到的。但对于气田开发，实际生产统计的产能转化率一般低于 56% ，例如在苏里格气田，产能转化率只有 30%~35% ，差距较大。

第六章　开发规划方案编制与经济效益分析

　　油气田开发中长期规划和年度计划是石油公司上游业务生产过程管理的重要组成部分。不论是开发单元还是油区，要想实现年度油气产量的稳定，每年就必须在老区内部或新区钻部分新井，以弥补老井在年度内递减掉的油气产量和生产能力，因此每年为稳产而投入的开发工作量的多少是由规划期内年度总产量目标和年递减率的大小决定的。递减率理论编制中长期规划或年度计划是在对历史产量构成与递减分析的基础上，根据年递减率和增油率指标的变化特点和规律，对未来年度进行产量构成和产能建设工作量预测，老井递减出现的年产油量和日产水平缺口就是中长期规划或年度计划编制中需要产能建设弥补的新井产量和日产水平。根据年度计划方案的投入与产出状况建立的年度计划方案经济评价模型，可以对老井经济极限递减率进行计算与分析。

第一节　年度计划方案指标预测模型

　　年度计划一般是针对油区或多油藏组合的开发单元为研究对象，年度计划的中心任务是对已开发油田的老井产油量进行预测和安排新钻井产能建设工作量及投资等。根据图 3-2 的产量构成原理，在对已知年度产量构成做递减分析时，式（2-9）计算的递减率是年末老井日产水平相对于年初起点日产水平的递减，或年末老井生产能力相对于年初起点生产能力的递减；式（2-10）计算的递减率是老井年产量相对于年初理想年产量（数值上等于生产能力）的递减。显然，老井递减越大，稳产需要的产能建设工作量就越多。这种由于老井递减出现的年产油量和日产水平缺口，正好就是年度计划编制中需要弥补（或部分弥补）的新井产能建设工作量计划指标。

一、老井产量和年末生产能力预测

根据油田或油区开发历史的产量构成数据进行递减分析，可以得到各项递减率、增油率指标的变化趋势和历史末期的油田或油区生产能力。当油区产量递减率为已知时，可以采用式（2-9）和式（2-10）对未来年度的老井年末生产能力和年产量进行预测。

1. 年度老井自然产量

年度老井自然产量指老井在自然状态下开采可以获得的年产油量（Q_1），是年度产量构成的基础部分，单位为 $10^4 t$。根据式（2-10），老井自然产量的预测方法为：

$$Q_1 = q_0(1 - A_{zr}) \sum T / 10000 \qquad (6-1)$$

如果不考虑闰年，式（6-1）可以写成：

$$Q_{I} = 0.0365q_0(1 - A_{zr}) \tag{6-2}$$

式中　A_{zr}——年产量自然递减率。

2. 年度老井措施年增油量

通过改变油井生产的工作制度或进行补孔、压裂、酸化等增产措施，改变油井的自然生产状态，在年度内可以多获得的产油量（Q_{II}），单位为 10^4t。根据式（5-4），老井措施年增油量的预测方法为：

$$Q_{II} = q_0 C_z \sum T/10000 \tag{6-3}$$

如果不考虑闰年，式（6-3）可以写成：

$$Q_{II} = 0.0365q_0 C_z \tag{6-4}$$

式中　C_z——年措施增油率。

3. 年度老井年产油量

年度老井年产油量等于老井自然产量与老井措施年增油量之和，同时，老井年产量自然递减率减去措施增油率为年产量综合递减率。故有：

$$Q_{I} + Q_{II} = q_0(1 - A_{zh}) \sum T/10000 \tag{6-5}$$

如果不考虑闰年，式（6-5）可以写成：

$$Q_{I} + Q_{II} = 0.0365q_0(1 - A_{zh}) \tag{6-6}$$

式中　A_{zh}——年产量综合递减率；

　　　Q_{I}——产量构成中的老井自然年产油量，10^4t；

　　　Q_{II}——产量构成中的老井措施年增产油量，10^4t。

4. 老井年末生产能力

老井年末生产能力是指老井年初生产能力在经过 12 个月的递减后，到 12 月份时剩余的生产能力。用 q_{o12} 表示，单位为 t/d。

用日产水平表示时：

$$q_{o12} = q_0(1 - D) \qquad (6 - 7)$$

用折算年末生产能力表示时，单位为 10^4t/a，即：

$$Q_{po} = 0.0365q_0(1 - D) \qquad (6 - 8)$$

油田自然递减率的大小和变化趋势受油藏地质条件的影响为主，是最具规律性变化的递减指标，所以历史和未来年度的老井自然递减率指标是可以比较准确预测的，由式（6 - 1）预测的年度老井自然产量也是非常可靠的。老井措施费用要直接进入当年度的采油成本，因此措施增油率的变化主要受采油成本等人为因素的影响。不论是历史分析还是未来预测，并不是要研究措施增油率最大化或最小化的问题，而是为了寻求一个合理、经济的措施增油率指标，即寻找合理老井措施年增油量问题。准确的年自然递减率加上合理的年措施增油率，保证了预测年度综合递减率的合理性，从而实现了对未来年度老井产量的准确合理预测。

根据这一理念，一个油田或油区在开发生产管理过程中，减缓产量递减的途径不是尽其所能提高措施增产量，对于注水开发油藏来说，主要在注够水、注好水方面多下功夫来增加油井的自然产量，以减缓年产量自然递减率来实现综合递减率的下降。

二、新井产量和产能建设工作量预测

对于老井递减留下的产量、产能缺口，可以把式（2-9）和式（2-10）改写为：

$$\Delta q = q_0 - q_{12} = q_0 D \qquad (6-9)$$

$$\Delta Q = q_0 \sum T - Q_{12} = q_0 A \sum T \qquad (6-10)$$

这就是一个油田或油区的老井到 12 月时因为产量递减而减少的日产水平（生产能力）和年产油量，年度新井产能建设就是为了要完全弥补或部分弥补老井递减减少的年产油量和日产水平。根据产能替换率定义式，可以直接预测新井产能建设工作量和当年产油量。

根据式（5-9），新井当年产油量（10^4t）的预测方法为：

$$Q_{\mathrm{III}} = q_0 A_{\mathrm{zh}} r \sum T/10000 \qquad (6-11)$$

如果不考虑闰年，式（6-11）可以写成：

$$Q_{\mathrm{III}} = 0.0365 q_0 A_{\mathrm{zh}} r \qquad (6-12)$$

根据式（5-6），新井年末生产能力的预测方法为：

新井年末补充日产水平（t/d）：

$$q_{\mathrm{n12}} = q_0 r D \qquad (6-13)$$

折算新井年末生产能力（10^4t/a）：

$$Q_{\mathrm{pn}} = 0.0365 q_0 r D \qquad (6-14)$$

由式（6-12）和式（6-14）可以看出，当产能替换率一定时，年度新井产能建设工作量和新井当年产油量是由老井产量综合递减率或老井产能递减率决定的，所以递减率小的油区开发经济效益一般都较好。

三、年度计划总指标

通过对新老井年产油量和年末生产能力的预测，可以得到预测单元的年度计划总指标：

年产油量（10^4t）：

$$Q = Q_I + Q_{II} + Q_{III} \qquad (6-15)$$

年末生产能力（10^4t）：

$$Q_p = Q_{pn} + Q_{po} \qquad (6-16)$$

把式（6-1）、式（6-3）、式（6-11）代入式（6-15），整理后得到规划年度总产油量为：

$$Q = q_0 \sum T(1 - A_{zh} + rA_{zh})/10000 \qquad (6-17)$$

如果不考虑闰年，式（6-17）可以写成：

$$Q = 0.0365q_0(1 - A_{zh} + rA_{zh}) \qquad (6-18)$$

把式（6-8）、式（6-14）代入式（6-16），整理后得年末总生产能力为：

$$Q_p = 0.0365q_0(1 - D + rD) \qquad (6-19)$$

从上面的式子可以看出，产能替换率的大小决定了油区产量形势的未来走向。当产能替换率 $r=1$ 时，如果不考虑闰年，则有：

$$Q = Q_p = 0.0365q_0 \qquad (6-20)$$

式（6-20）是一个油区保持年度稳产的配产方案，也是油区稳产的工作标准。当 $r<1$ 时，实际建成（或计划）的新

111

井生产能力小于老井在年度内递减掉的生产能力，油区产量、产能将出现总递减；当 $r > 1$ 时，实际建成（或计划）的新井生产能力大于老井在年度内递减掉的生产能力，油区产量和产能将上升。由此说明，一个油区在年度内的产量走势是由新井补充情况决定的。

根据年产量递减率与年产能递减率的关系，年产油量每减少 $1 \times 10^4 \mathrm{t}$，其年末总生产能力在理论上要比年初生产能力下降约 $1.8 \times 10^4 \mathrm{t/a}$（指数递减）。同理，在老井产量一定时，油区总产油量每增加 $1 \times 10^4 \mathrm{t}$，其新井产能建设工作量需要增加生产能力约 $1.8 \times 10^4 \mathrm{t/a}$。

第二节　年度计划方案经济效益评价模型

在年度计划方案编制完成后，有必要对计划方案进行经济评价，分析方案的可行性。

一个油区的持续开发，若不存在后备资源不足的问题，则油区产量形势的变化主要取决于资金能力可以承受的最大递减率。如果这个递减率大于油区实际发生或可能发生的递减率，油区开发不但可以保持稳产，甚至产量还可以上升；如果这个递减率小于油区实际可能发生的递减率，油区开发要保持稳产就没有经济效益，如果不负债经营，油区的产量和生产能力就必然出现总递减，保证不负债经营的递减率就是年度资金能力可以弥补的经济极限递减率。

一、年度投入产出分析

对于年度计划方案的经济效益分析，如果历史年度的勘探投资已经计入当年的生产成本，则编制年度的生产成本中就已经体现了勘探投资，在产能建设成本中就可以不考虑前期勘探投资，这时的勘探开发折算成本就是百万吨产能建设直接投资。但如果历史年度的勘探投资没有计入当年的生产成本，在编制年度的产能建设成本中就需要考虑前期勘探投资。

1. 原油销售收入

对于一个确定年度计划方案，其年度配产（年产油）是已知的，在给定的油价下，年度原油销售收入可以表示为：

$$\text{INC} = QR_{me} \frac{P_r}{(1 + 16\%)}$$

式中　INC——原油销售收入，10^4 元；

$\quad P_r$——市场油价（含税价），元/t；

$\quad R_{me}$——原油商品率，%；

$\quad 16\%$——原油增值税（天然气按 10% 收取）。

把式（6-18）代入上式，得：

$$\text{INC} = 0.0365q_0(1 - A_{zh} + A_{zh}r) \frac{P_r}{1.16}R_{me} \quad （6-21）$$

如果油价是不含税价，则式（6-21）写为：

$$\text{INC} = 0.0365q_0(1 - A_{zh} + A_{zh}r)P_r R_{me} \quad （6-22）$$

113

2. 勘探开发投资估算

建设项目评价中的总投资包括建设投资、建设期利息和铺底流动资金及固定资产调节税。建设项目经济评价中应按有关规定将建设投资中的各分项分别形成固定资产原值、无形资产原值和其他资产原值。形成的固定资产原值可用于计算折旧费，形成的无形资产和其他资产原值可用于计算摊销费。建设期利息应计入固定资产原值。

建设投资估算应在给定的建设规模、产品方案和工程技术方案的基础上，估算项目建设所需的费用。建设投资可根据项目前期研究各阶段对投资估算精度的要求、行业特点和相关规定，选用相应的投资估算方法。

根据年度计划方案的新井产能建设工作量与动用原油可采储量的采油速度，可以得到当年应动用的原油可采储量。考虑物价变动等因素后，分析预测年度的勘探成本和开发成本。其年度勘探开发投资费用可以表示为：

$$I_{bu} = Q_{pn} \frac{C_{kt} + C_{kf}}{V_{kc}}$$

式中　I_{bu}——勘探开发投资，10^4元；

　　　V_{kc}——原油可采储量年采油速度，%；

　　　C_{kt}——动用可采储量勘探成本，元/t；

　　　C_{kf}——动用可采储量开发成本，元/t。

把式（6-14）代入上式，得：

$$I_{bu} = 0.0365 q_0 Dr \frac{C_{kt} + C_{kf}}{V_{kc}}$$

令：

$$B_{\text{p}} = \frac{C_{\text{kt}} + C_{\text{kf}}}{V_{\text{kc}}} \qquad (6-23)$$

B_{p} 称为当年动用可采储量的勘探开发折算成本，元/t。则有：

$$I_{\text{bu}} = 0.0365 q_0 Dr B_{\text{p}} \qquad (6-24)$$

根据式（6-23），勘探开发折算成本的单位是"元/t"，是产能建设建成 1t 产能的勘探与开发投资费用，它与传统概念中的百万吨产能建设成本含义相近。其差异在于：折算成本中含有勘探成本，与动用可采储量相关；百万吨产能建设成本是纯开发成本，没有包含勘探成本。如果把分子分母同时扩大一百万倍，资金以"亿元"表示，则为每建产一百万吨产能投资多少亿元。因此，它实际上是近似于传统概念的百万吨产能建设投资，只是其中增加了前期勘探投资。在相同单位制下，可采储量的勘探开发折算成本大于传统概念的百万吨产能建设成本。目前，国内多数油藏百万吨产能建设成本范围在 $(50\sim70)\times10^8$ 元/10^6t，即为 5000~7000 元/t，加上动用储量的前期勘探成本，则折算成本的范围可能在 5500~7500 元/t。开发方案设计动用可采储量的采油速度一般为 5%~6%，所以动用可采储量的勘探成本与开发投资费用的范围在 290~460 元/t。

在一些新区开发方案经济评价中，一般是把前期勘探投资沉没不予考虑，这时的勘探开发折算成本就是百万吨产能建设直接投资。

油气产量递减率理论与实践 •••

3. 完全成本

完全成本是开采每吨原油所需全部成本和费用的总和。完全成本包括生产成本（含固定资产折旧）、期间费用（含销售费用、管理费用、财务费用）、勘探费用及油田弃置费等。根据已知年度的原油完全成本，考虑物价变动等因素后，可以分析预测年度的完全成本。根据年度计划方案的年产油量，其年度原油生产总成本可以表示为：

$$C_p = QR_{me}B_t$$

式中　C_p——原油生产总成本，10^4元；

　　　B_t——吨油完全成本，元/t。

把式（6-18）代入上式，得：

$$C_p = 0.0365q_0(1 - A_{zh} + A_{zh}r)B_tR_{me} \qquad (6-25)$$

二、年度计划经济极限递减率

对于一个老油区的持续开发，年度计划方案的效益分析主要是考虑企业在年度内投入与产出的效益关系问题。经济极限递减率研究的是投入与产出的平衡，即年度开发经济效益（利润）为 0 时的情况，这种使企业年度开发经济效益为 0、可以承受的老井年产量综合递减率（或年产能综合递减率）即为经济极限递减率（用 A_e 或 D_e 表示）。故有：

$$INC = C_p + I_{bu}$$

把式（6-22）、式（6-24）和式（6-25）代入上式并化简，有：

$$\frac{Dr}{1 - A_{zh} + A_{zh}r} = \frac{P_r - B_t}{B_p}R_{me} \qquad (6-26)$$

根据各项已知财务参数和年度计划方案的年递减率，运用式（6-26）可以计算使年度开发利润为 0 的产能替换率——经济极限产能替换率（用 r_e 表示）；同样，也可以根据财务参数和年度计划方案的产能替换率，运用式（6-26）可以计算使年度开发利润为 0 的年产量递减率或年产能递减率——经济极限年产量递减率（用 A_e 表示）或经济极限年产能递减率（用 D_e 表示）。只要把经济极限年产量递减率与年度计划方案的年产量递减率进行对比，或把计算得到的经济极限年产能递减率与年度计划方案的年产能递减率进行对比，就可以知道年度计划方案有无经济效益。

这里的经济极限年产量递减率与经济极限年产能递减率，需要根据特定递减规律下 A—D 关系式进行相互换算。根据第四章第三节中讨论，可以统一采用指数递减规律进行换算。

如果 $r_e > 1$，说明年度计划方案的年产量综合递减率（A_{zh}）小于经济极限年产量递减率（A_e），保持年度稳产开发是有经济效益的，方案年产量综合递减率越小，年度经济效益越好；如果 $r_e = 1$，说明年度计划方案的年产量综合递减率等于经济极限年产量递减率，保持年度稳产开发的经济效益为 0；如果 $r_e < 1$，说明年度计划方案的年产量综合递减率大于经济极限年产量递减率，保持年度稳产开发是没有经济效益的，方案的年产量综合递减率越大，年度亏损越严重。

当 $r_e = 1$ 时，说明经济极限递减率正好等于年度配产方案的年递减率，此时式（6-26）简化为：

$$D_e = \frac{P_r - B_t}{B_p}R_{me} \qquad (6-27)$$

将式（6-27）计算的经济极限年产能递减率与年度计划方案的老井年产能递减率进行对比，可以实现对年度保持稳产开发有无经济效益的快速评价。当然，也可以把 D_e 换算为 A_e，把 A_e 与年度计划方案的年产量递减率进行对比，以此快速评价年度保持稳产开发有无经济效益。

三、年度计划经济极限递减图版

建立不同递减规律下的经济极限递减率图版，涉及式（6-26）和 A—D 关系式的综合应用。

以指数递减规律为例，根据勘探开发折算成本 5500 元/t、年度计划方案的年产量综合递减率 8%、原油商品率 97% 时，原油价格在 1200~5000 元/t 范围、吨油完全成本在 800~2000 元范围取值，计算编制此勘探开发折算成本下的经济极限递减率图版，如图6-1所示。在这些图版中，每张图都是特定递减规律和百万吨产能建设投资下，不含税油价、吨油完全成本和经济极限递减率（或经济极限产能替换率）之间的变化关系图。如果预测年度的不含税油价为 2800 元/t、吨油完全成本为 1600 元，则对应的经济极限递减率 A_e 为 12.23%、经济极限递减率 D_e 为 21.77%、经济极限产能替换率为 1.509，说明年度计划方案有较好的经济效益。

改变产能建设的勘探开发折算成本，可以计算编制一系列与之对应的经济极限递减率图版（图6-2）。

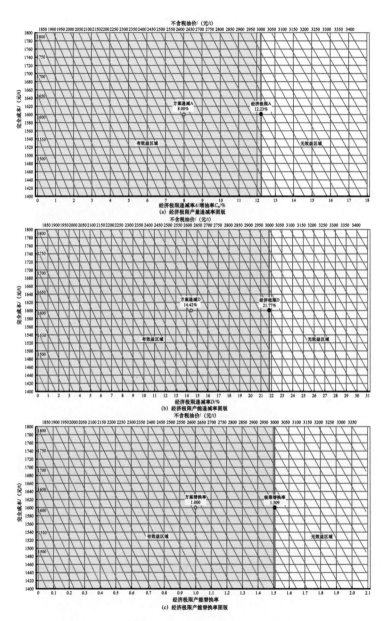

图 6-1 产建成本 55×10^8 元下经济效益评价图版

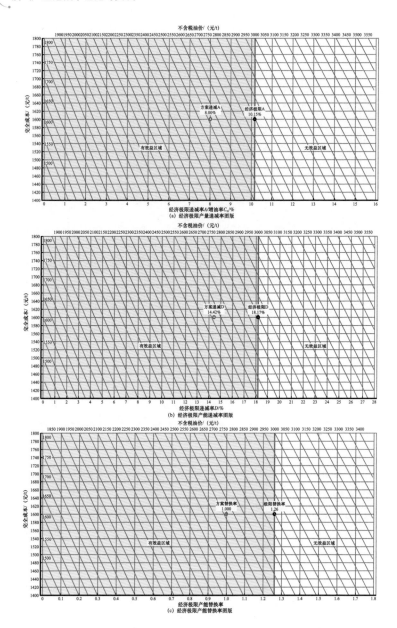

图6-2 产建成本65×10^{8}元下经济效益评价图版

第三节　开发规划方案编制方法

年度计划或中长期开发规划编制，是根据历史阶段已知的月度生产数据（总日产水平、老井日产水平、措施日增油、新井日产水平，阶段末的单元年产油、老井年产油、措施年增油、新井年产油等），利用广义 Arps 递减理论，分析研究阶段内的年度老井产量递减规律、标定阶段起点日产水平、计算各项递减率和增油率等指标。对未来年度的开发规划则是根据历史递减分析已知的阶段末生产能力（日产水平）、老井年产量自然递减率、年措施增油率等指标，运用广义 Arps 递减理论，计算未来若干年度分月的总日产水平、老井日产水平、措施日增油水平、新井日产水平、总年产油、老井年产油、措施年增油、新井年产油等，然后根据近期已经形成的各项财务成本指标，进行预测年度的开发经济效益分析[19-21]。

一、编制原理

"油气产量递减率理论"克服了传统 Arps 递减理论的局限性，运用产量构成原理来消除新井产量（或剔除新井产量和老井措施增油量）对油田产量递减的影响。油气田的开发历史是以年度为阶段的产量构成曲线的重复，递减率理论编制年度计划的原理也是年度产量构成曲线在过去、现在和未来的重复再现。首先根据产量构成对开发历史和当前年度进行产量构

121

成与递减分析，再根据年递减率和增油率指标的变化特点和规律，对未来年度年产量和产能建设工作量进行预测，并编制出未来年度产量构成曲线（图6-3）。

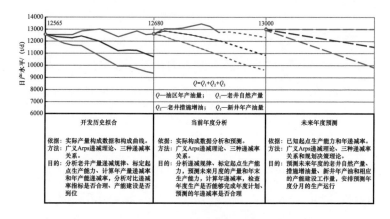

图6-3 年度计划决策原理图

国内的油田开发数据管理体系中，把油田产量以年度为阶段细分为老井产油量、老井措施增产油量和新井产油量。因此这种模式的年度产量构成曲线是三条，即老井自然产油量曲线（由老井产油量减去措施增油量得到）、老井产油量曲线和油田产油量曲线。其中，老井自然产油量的变化主要反映了油田的地质条件、开采方式、开发阶段等，老井措施增产油量受吨油生产成本和老井措施潜力的制约，新井产油量则是受储量资源、年度开发投资和产能建设效果的影响。因此，老井措施增产油量和新井产油量主要反映了人为因素对油田开发的影响。对于一个油田，尤其是油区，在消除老井措施和新井产量影响后的老井自然产量曲线变化，一般都具有较好的规律性。对于这种油田开发管理模式，用老井自然产量曲线的递减规律来标定年度起点产量是较为可靠的，自然递减率指标的规律性也是比较好的。不论是油田开发的上产还是稳产阶段，都可以用这种方法来研究年度内的老井产量自然递减情况，不同油藏类型、不同开发阶段老井年产量自然递减率往往差别较大。

运用递减率理论和产量构成原理进行的产量递减分析与规划决策，可以适合各种开发管理体制及油气田开发的各个开发阶段，更适合多油藏组合的开发单元和油区。分析单元越大，规律性越强，应用效果越好。

二、工作模式

在传统的产量预测方法中，一般是对进入递减阶段的具体油藏用递减理论预测其未来产量，对处于稳产开发阶段或产量变化无规律的油藏，预测产量则以工作经验为主，有的油区采取把不同年度的投产井分别进行产量统计、递减分析和递减曲线外推，从而预测产量。这些分析方法需要对辖区内的每个油藏、区块进行分析和预测，不但工作量大，而且还由于受措施和新井的影响，造成实际数据点的相关性差、预测结果误差大，预测的最终结果不能解释新井产能建设和老井递减之间的关系，产能建设工作量仅凭经验安排，缺乏科学依据。

运用递减率理论编制开发规划则改变了传统的研究思路。在用递减率理论编制年度计划或中长期规划时，是根据产量构成原理，采取从大到小的研究工作模式（图 6 - 4）。由于产量构成数据不仅仅是针对具体的油藏，对于多油藏（油田）组合成的开发单元、油区，甚至股份公司，都有相应的产量构成数据。根据统计学的观点，这种数据的母体越大，则统计误差越小，结果越可靠。这就意味着：在用递减率理论编制年度计划时，可以只关心与自己职责有关的、相应级别的开发单元，而不用去研究具体的油藏或单井。由于相应级别开发单元的产量构成是次级单位的产量构成之和，所以相应级别的产量规划值与次级单位的产量规划值之和应该是一致的。

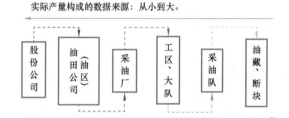

图6-4　规划工作模式图

例如，股份公司在做年度计划或中长期开发规划时，所关心的对象首先是股份公司每年的产油量是多少、实现这个产油量每年要安排多少产能建设工作量，其次是用同样的方法把股份公司的这个产油量和产能建设工作量规划分配到各个油田分公司，至于采油厂应该分配多少不属于股份公司考虑的范围；在油田分公司做本油区的开发规划时，它所关心的对象首先是油田分公司每年的产油量和实现这个产油量每年要安排多少产能建设工作量，其次是把油田分公司的产油量和产能建设工作量分配到各采油厂，研究具体的油藏或区块就属于采油厂的职责范围。

采用递减率理论编制年度计划与中长期规划，可以极大地减少油藏工程师们的劳动强度和工作量，节省大量人力物力。对年递减率指标的直接应用，还极大地提高了规划方案的可靠性和理论水平，其年度产量预测误差一般可以控制在0.5%以内。

三、年度计划方案编制步骤

一个油气生产企业编制年度计划，主要是根据历史和当前年度的勘探、开发生产情况，做出对下一年度产量、开发工作量和开发经济效益的预测，同时进行生产运行安排。因此编制年度计划时的老区潜力和新增储量资源一般是落实的。

根据"油气产量递减率理论"，编制年度计划工作步骤如下。

（1）根据开发历史和当前年度的产量构成，分析各项年递减率、增油率、产能替换率等指标的变化趋势，确定预测年度的标定日产水平（q_0）、年产量自然递减率（A_{zr}）、措施增油率（C_z）、产能替换率等，分析提出指标的调整依据和保障措施。老井年产量综合递减率（A_{zh}）为：

$$A_{zh} = A_{zr} - C_z$$

（2）由式（6-2）计算年度老井的自然年产油量，式（6-4）计算措施年增油量。

（3）由A_{zh}—D的关系，查表或计算老井年产能递减率（D）。

（4）由A—d_i的关系，根据A_{zr}查表或计算指数递减规律下的初始月递减率（d_i），建立指数递减q_t—t的关系式，计算老井自然产量的分月日产水平；根据A_{zh}查表得d_i，建立指数递

125

减规律下 q_t—t 的关系式，计算老井综合产量的分月日产水平。

（5）预测新井产能建设工作量和当年产油量，分 4 种情况：一是按年度保持稳产（$r=1$）要求预测新老区产能建设工作量；二是根据计划的年度配产任务预测新老区产能建设工作量；三是根据给定的新老区产能建设工作量，预测新井当年产油量和年度总配产；四是以历史趋势的产能替换率（r），预测未来年度的产油量和产能建设工作量。以此形成四种不同的年度计划方案。

（6）根据油价、吨油成本和动用可采储量的勘探开发折算成本，查年度经济极限递减率图版得到年度计划方案的经济极限递减率（A_e），如果 A_{zh} 大于 A_e，说明经济条件可以承受的递减率小于可能发生的综合递减率，在这种情况下，即使后备储量资源许可，开发单元要保持稳产开发也是没有经济效益的，需要降低产能建设成本或调整开发策略；如果 A_{zh} 小于 A_e，说明经济条件可以承受的递减率大于可能发生的综合递减率，在这种情况下，只要后备储量资源充足，开发单元保持稳产开发是有经济效益的。

（7）绘制预测年度产量构成曲线，并与历史年度产量构成曲线对比，以更加清楚、直观地分析产量预测的可靠性或可行性。

（8）改变标定产量、措施增油率、新井增油率或产能替换率，重复步骤（2）至步骤（6），根据不同条件模式可以编制出多套方案，供上级部门决策。

（9）根据推荐方案的分月产量构成数据和年产油量，编制年度生产运行曲线，把年度配产落实到分月生产运行安排中。

至此，已经完成了一个生产单位年度计划产量的编制工作。对于执行年度计划的生产单位，还必须要做如下研究工作：一是根据储量资源和老区钻井潜力，为完成新井产量和产能建设工作量编制新老区产能建设实施计划；二是根据老井生产潜力，为完成年度措施增油量编制措施工作量及实施计划。

四、中长期开发规划方案编制步骤

根据递减率理论，对油田进行中长期开发规划实际上是年度计划方案编制过程的重复。因此，编制中长期开发规划的工作步骤与编制年度计划基本相同。但中长期规划是根据开发历史和当前年度的生产情况，对未来若干年度的产量、开发工作量和开发经济效益做出预测。年度计划着重考虑目前的生产实际，而中长期开发规划则着重对长期的产量和油价变化趋势进行宏观分析，因此中长期规划比年度计划存在更多的不确定性，尤其是后备储量资源的不确定性。它不但要注重历史和当前年度的产量递减分析，还必须研究开发单元主体油藏目前所处的开发（含水）阶段、后备储量资源的增长和接替能力、世界经济形势等，才能综合分析未来若干年度内老井自然递减率、措施增油率、年产油量和油价的变化趋势。分析未来不同年度的老井产量自然递减率和措施增油率，结合勘探规划和老区生产潜力，才能完成中长期开发规划方案的编制。

根据年度计划编制工作步骤，重复步骤（1）至步骤（8），就可以完成中长期开发工作规划的编制。

第四节　开发规划编制实例

老区开发历史递减分析是根据开发历史产量构成数据，利用递减率理论，分析研究阶段内年度老井产量递减规律、标定阶段起点日产水平、计算各项递减指标。对未来年度的开发规划则是根据历史递减分析已知的阶段末生产能力（日产水平）、老井年产量自然递减率、年措施增油率和老井产量递减类型，运用递减率理论，计算各预测年度分月的总日产水平、老井日产水平、措施日增油、新井日产水平、总年产油、老井年产油、措施年增油、新井年产油，然后根据近期已经形成的各项财务成本指标，进行预测年度的开发经济效益评价。

一、开发历史产量递减分析

由于递减率理论的数据基础是产量构成数据，其分析单元可以是区块、油藏，或多油藏组合的开发单元、油气区等。分析单元需要的数据项为：时间、日产水平（t）、老井日产水平（t）、措施日增油（t）、年产油（10^4t）、老井年产油（10^4t）和措施年增油（10^4t）。

全国油田开发数据管理对上述数据项的统计方法和单位制是一致的，既有核实产量，也有井口产量。各种结构的开发数据库中都有这些数据项，为递减率理论的应用提供了很好的数据基础。

例如，某开发单元1在1987—2001年的历史产量构成曲线如图 6 - 5 所示，开发单元从 1993—1999 年基本处于稳产开发。根据产量构成曲线对年度老井自然产量曲线的回归分析和对起点日产水平的标定结果如图 6 - 6 所示，回归参数见表 6 - 1。虽然递减指数 n 多介于 -2.0 ~ 1.0、变化范围较大，但相关系数基本上都在 0.95 以上，说明回归段虽然数据点少，但规律性很好。

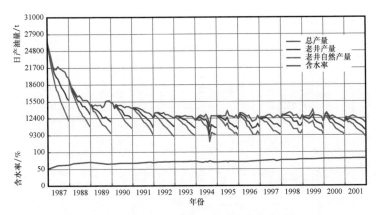

图 6 - 5　某开发单元 1 产量构成曲线图

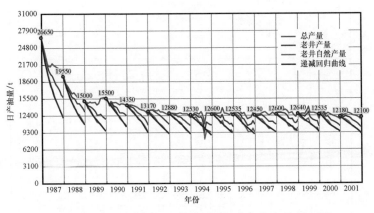

图 6 - 6　某开发单元 1 自然产量回归与标定产量对比图

表6-1 开发单元1自然产量数据回归分析参数表

计算年度	递减类型	递减指数 n	初始产量 t/d	初始月递减率 d_i	斜率 a	截距 b	相关系数 R^2
1987年	双曲递减	0.67	26649	0.086540	0.000063	0.001083	0.999021
1988年	双曲递减	0.75	19550	0.060949	0.000028	0.000605	0.997285
1989年	双曲递减	0.11	14999	0.037649	0.001438	0.347242	0.995236
1990年	双曲递减	-1.16	15479	0.026733	-2247.065134	72462.195554	0.990701
1991年	双曲递减	-2.00	14377	0.023781	-9831047.774725	206703054.417582	0.996476
1992年	双曲递减	-0.20	13162	0.028914	-0.038548	6.665997	0.973339
1993年	双曲递减	-2.00	12786	0.020790	-6797291.906593	163478473.362637	0.991744
1994年	双曲递减	-2.00	12404	0.020767	-6390440.895604	153857589.219780	0.892151
1995年	双曲递减	-0.52	12842	0.025959	-1.848301	136.925815	0.984519
1996年	双曲递减	0.31	12855	0.031147	0.000514	0.053234	0.930602
1997年	双曲递减	-0.39	12451	0.023211	-0.358006	39.547989	0.988737
1998年	双曲递减	-2.00	12551	0.017847	-5623125.181319	157537589.780220	0.964090
1999年	灭曲递减	-1.09	12632	0.020086	-647.050665	29553.889869	0.956809
2000年	灭曲递减	3.41	13177	0.049233	0	0	0.957868
2001年	灭曲递减	-2.00	12109	0.017921	-5254958.736264	146618500.494505	0.971663

表 6-2 是根据产量构成和回归分析标定的日产水平，以及根据标定日产水平计算的油区年递减率和相关参数对比，年递减率、措施增油率对比如图 6-7 至图 6-10 所示。通过表图的对比可以得到如下分析结论。

（1）开发单元的年产量自然递减率在 1993 年以前较大，大于 17%。1993—2001 年，油区的自然递减率比较稳定，平均 14.41%。

（2）除个别年度外，油区的老井措施增油率基本保持在 7%~8%，油区从 1993 年后的年产量综合递减率基本为 6.5%~7.5%，保持在较低水平。

（3）1993—1999 年，开发单元平均每年老井递减掉的产能为 $61.4 \times 10^4 t/a$，平均每年新井建成产能 $60.7 \times 10^4 t/a$，产能替换率在 1.0 左右，增减基本持平，年产油保持基本稳定，在此期间的稳产形势较好。从 2000 年开始，老井生产能力的下降大于新井生产能力的补充，油区生产能力逐年下降。两年累计下降 $20 \times 10^4 t/a$，到 2001 年末的生产能力为 $441.65 \times 10^4 t/a$。

（4）1995—2001 年，油区当年新井建成产能的转化率较高，一直保持在 60% 以上，高于 54%~57% 的理论值，生产比较主动。

根据年递减率和措施增油率情况，油区自然递减率 13.2%、措施增油率 7.0% 时，稳产 $442 \times 10^4 t/a$（2001 年末生产能力）的条件是：老井措施年增油 $30.94 \times 10^4 t$，每年需要建成新井产能 $50 \times 10^4 t$，新井当年产油 $27.40 \times 10^4 t$。如果年度配产下降、需要的产能建设工作量减少，年末生产能力也下降，亦即下年度的起点生产能力更低。

表 6-2　某开发单元 1 年递减率及相关指标对比表

年度	标定日产油/t	年末新井日产油/t	合计年产油/10⁴t	老井年产油/10⁴t	新井年产油/10⁴t	措施年增油/10⁴t	产量综合递减率/%	产量自然递减率/%	产能递减率/%	产量总递减/%	产能总递减/%	措施增油/增油率/%	老井递减产能/10⁴t	当年新建产能/10⁴t	产能变化/10⁴t	配置系数
1987 年	26650	4135	792.11	711.70	80.42	85.03	26.83	35.58	42.16	20.80	26.64	8.74	410.08	150.93	-259.15	0.37
1988 年	19550	1790	603.48	570.25	33.23	56.08	20.30	28.14	32.43	23.81	23.27	7.84	231.41	65.34	-166.08	0.28
1989 年	15000	3590	547.81	479.86	67.96	45.91	12.35	20.74	20.60	9.23	-3.33	8.39	112.79	131.04	18.25	1.16
1990 年	15500	1895	534.83	498.27	36.56	34.38	11.93	18.01	19.65	2.37	7.42	6.08	111.14	69.17	-41.98	0.62
1991 年	14350	1600	500.38	467.68	32.70	35.25	10.71	17.44	19.37	6.44	8.22	6.73	101.47	58.40	-43.07	0.58
1992 年	13170	1680	480.06	451.22	28.83	50.22	6.39	16.81	14.96	4.06	2.20	10.42	71.91	61.32	-10.59	0.85
1993 年	12880	1470	462.54	432.14	30.40	35.81	8.08	15.70	14.13	3.65	2.72	7.62	66.43	53.66	-12.78	0.81
1994 年	12530	2180	464.07	425.47	38.60	34.79	6.97	14.58	16.84	-0.33	-0.56	7.61	77.02	79.57	2.55	1.03
1995 年	12600	1810	465.01	424.37	40.64	33.15	7.72	14.93	14.88	-0.20	0.52	7.21	68.44	66.07	-2.37	0.97
1996 年	12535	1600	467.04	427.39	39.65	35.50	6.84	14.58	13.44	-0.44	0.68	7.74	61.50	58.40	-3.10	0.95
1997 年	12450	1795	468.07	427.71	40.37	37.33	5.88	14.09	13.21	-0.22	-1.20	8.21	60.04	65.52	5.47	1.09
1998 年	12600	1390	473.02	442.16	30.86	42.72	3.86	13.15	10.71	-1.06	-0.32	9.29	49.28	50.74	1.46	1.03
1999 年	12640	1390	468.09	436.43	31.66	36.06	5.40	13.22	11.83	1.04	0.83	7.82	54.57	50.74	-3.83	0.93
2000 年	12535	1205	456.14	428.14	28.00	30.19	6.68	13.26	12.45	2.55	2.83	6.58	56.94	43.98	-12.96	0.77
2001 年	12180	1420	450.72	417.89	32.83	32.38	6.00	13.28	12.32	1.19	0.66	7.28	54.75	51.83	-2.92	0.95
2002 年	12100															

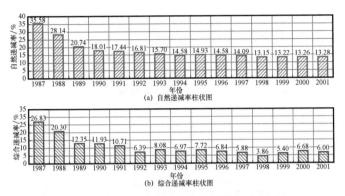

图 6-7　某开发单元 1 产量递减率对比图

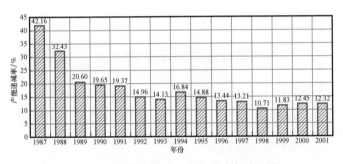

图 6-8　某开发单元 1 产能递减率对比图

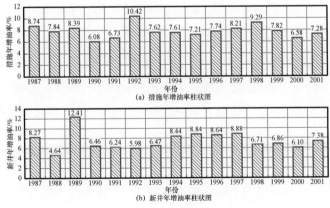

图 6-9　某开发单元 1 增油率指标对比图

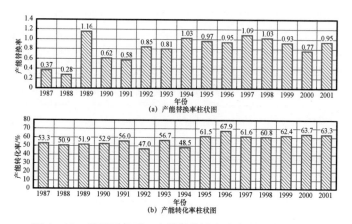

图 6-10　某开发单元 1 产能替换率与产能转化率对比图

二、中长期开发规划方案编制

根据递减率理论，对油田进行中长期开发规划实际上是年度计划方案编制过程的重复。

根据年度计划工作步骤（1）至步骤（8）的重复，就可以完成中长期开发工作规划的编制。

以开发单元 1 为例，根据开发历史年度产量构成分析，由于近几年自然递减率非常稳定，未来年度保持基本稳定是可行的，合理的措施年增油率为 7%，因此对年度老井产量的预测是可靠的。但由于已经连续 3 年产能替换率小于 1，说明后备资源不足或新区资源品位较差，造成新建产能接替能力不足，不能满足开发单元 1 的稳产需求。

表 6-3 是开发单元 1 在 2001 年末生产能力水平上进行 5 年开发规划编制的不同方案指标对比。各方案的年度老井产量自然递减率为 13.3%，措施年增油率为 7%。方案 1、方案 2、

表 6-3　开发单元 1 年度计划多方案计算指标汇总表

方案	年度	标定日产油/t	年新井日产油/t	合计年产油/10⁴t	老井年产油/10⁴t	新井年产油/10⁴t	措施年增油/10⁴t	自然递减率/%	措施增油率/%	当年新建产能/10⁴t	配置系数
方案 1	2002 年	12100	1382	441.6500	413.7154	27.9346	31.0317	13.35	7.03	50.4430	1.00
	2003 年	12100	1382	441.6500	413.7154	27.9346	31.0317	13.35	7.03	50.4430	1.00
	2004 年	12100	1382	442.8600	414.9012	27.9588	31.0606	13.33	7.01	50.4430	1.00
	2005 年	12100	1382	441.6500	413.7154	27.9346	31.0317	13.35	7.03	50.4430	1.00
	2006 年	12100	1382	441.6500	413.7154	27.9346	31.0317	13.35	7.03	50.4430	1.00
方案 2	2002 年	12100	1246	439.5198	413.7154	25.8044	31.0317	13.35	7.03	45.4790	0.90
	2003 年	11964	1232	434.5834	409.0690	25.5144	30.6898	13.35	7.03	44.9680	0.90
	2004 年	11830	1218	430.8971	405.6427	25.2544	30.3639	13.33	7.01	44.4570	0.90
	2005 年	11697	1204	424.8867	399.9403	24.9464	29.9999	13.35	7.03	43.9460	0.90
	2006 年	11565	1191	420.0933	395.4276	24.6657	29.6610	13.35	7.03	43.4715	0.90
方案 3	2002 年	12100	1110	436.6958	413.7154	22.9804	31.0317	13.35	7.03	40.5150	0.80
	2003 年	11828	1085	426.8779	404.4104	22.4675	30.3296	13.35	7.03	39.6025	0.80
	2004 年	11562	1060	418.4388	396.4573	21.9815	29.6824	13.33	7.01	38.6900	0.80
	2005 年	11302	1036	407.8956	386.4297	21.4659	28.9831	13.35	7.03	37.8140	0.80
	2006 年	11047	1013	398.6953	377.7147	20.9806	28.3270	13.35	7.03	36.9745	0.80

方案 3 分别是产能替换率为 1.0、0.9、0.8 的预测方案。从方案对比看，方案 1 保持稳产的条件是每年补充新井生产能力 $50.44 \times 10^4 t$，新井当年产油 $31.03 \times 10^4 t$，年度 12 月的新井正常日产水平 1382t/d。方案 2 的开发工作量比方案 1 明显要少：第一年补充新井生产能力 $45.48 \times 10^4 t$，新井当年产油 $25.80 \times 10^4 t$，以后每年随着生产能力的下降而减少。方案 3 的产能替换率更低，需要开发工作量也更少。由于历史阶段后 3 年的平均产能替换率为 0.88，根据开发单元 1 所处油区当时的勘探程度和近几年的勘探形势，方案 2 的 5 年规划指标更符合油区当时的勘探开发实际，因此可以推荐方案 2 为开发单元 1 在后 5 年的开发规划方案（图 6 – 11）。

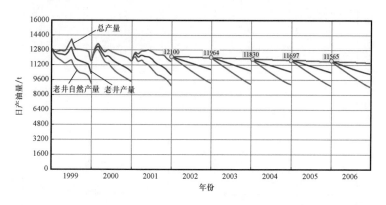

图 6 – 11 开发单元 1 推荐方案与历史对比图

三、规划方案与执行效果对比

为了检验递减率理论对实际生产的可靠性，可以进行预测指标与实际生产的对比分析，分年指标对比情况见表 6 – 4。

表6-4 某单元5年期预测与实际结果检查对比表

年份	年产油			老井年产油			措施年增油			新井年增油		
	预测/10⁴t	实际/10⁴t	误差/%	预测/10⁴t	实际/10⁴t	误差/%	预测/10⁴t	实际/10⁴t	误差/%	预测/10⁴t	实际/10⁴t	误差/%
2001		450.72			417.89			32.38			32.83	
2002	439.52	438.00	0.35	413.72	412.24	0.36	31.03	27.75	10.59	25.80	25.76	0.17
2003	434.58	435.20	-0.14	409.07	410.36	-0.32	30.69	27.97	8.86	25.51	24.84	2.64
2004	430.90	432.29	-0.32	405.64	407.32	-0.41	30.36	26.48	12.80	25.25	24.97	1.12
2005	424.89	435.10	-2.40	399.94	410.93	-2.75	30.00	29.51	1.64	24.95	24.17	3.10
2006	420.09	440.11	-4.77	395.43	412.21	-4.24	29.66	24.40	17.74	24.67	27.90	-13.13

根据表6－4的对比结果，预测期前三年的误差非常小，后两年加大。其中，前三年的年产油和老井年产油的误差均小于0.5％，新井年产油的预测误差也基本在3％以内，只有措施年增油的误差相对较大，达到10％左右。由于措施年增油和新井年产油都是受采油综合成本和产能建设投资、产建运行等人为因素影响，加上预测期的后两年国际油价变化和物价的持续上涨，预测期后两年的预测误差加大也是正常现象，油区在开发历史的新井增油率和措施增油率波动也较大（参见图6－9）。

通过对比认为，只要产量预测结果在合理范围之内，年度安排的产量任务是可以完成的，也是必须要完成的。但如果产量预测结果误差大，而且是严重偏高，这对一个油气生产企业来说问题是严重的。而用递减率理论来编制年度计划和中期规划方案，完全可以把产量预测误差控制在0.5％以内。

四、规划方案经济效益分析

根据开发单元1的5年开发工作规划指标，财务指标参考近年的实际发生数据：取采油成本为700元/t、油价1400元/t、动用可采储量的勘探开发折算成本为3500元/t，方案预测老井产量递减为指数递减规律，年产量综合递减率为6.3％；根据当时的财务参数，对年度计划方案经济效益分析步骤如下。

（1）编制图版：根据规划方案综合递减率6.3％、勘探开发折算成本3500元/t，编制指数递减规律下的经济极限递减率图版（图6－12）。

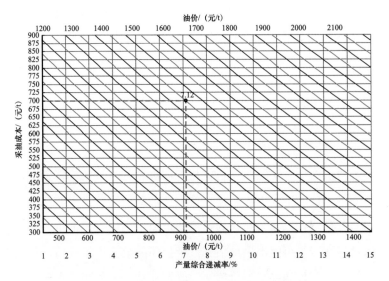

图 6 - 12　指数递减规律下经济极限递减率图版
勘探开发折算成本 3500 元/t，方案产量综合递减率 6.3%

（2）查经济极限递减率：根据采油成本为 700 元/t 和油价 1400 元/t，查图版得到预测年度的经济极限递减率为 7.12%。

（3）年度经济效益评估：经济极限递减率为 7.12%，年度计划的实际递减率为 6.3%，小于经济极限递减率；因此，只要后备储量充足，开发单元 1 保持稳产开发在年度内是有经济效益的。

（4）投资回收能力分析：需要结合确定的新区开发方案指标，评价新项目的投资回收能力。

（5）风险分析：如果开发综合成本和产能建设勘探开发成本稳定，油价下降为 1200 元/t，当年资金能力可弥补的经济极限递减率下降为 4.44%，此时整个油区的开发在年度内已经没有经济效益；如果油田开发在年度内要获得经济效益，就必须降低采油成本和产能建设成本，否则，年度内将出现亏损。

五、油气开发规划方案价值评估方法

1. 价值评估理论

价值评估方法是一体化优化中评价各类方案的投资资本回报率等指标的重要方法。公司价值评估的研究就是要对包括公司的各种资产以及公司作为整体的价值给出恰当的估价，评估的目标在于尽可能准确地估算一个公司的公正市场价值。价值评估方法包括调整账面价值法、股票和债券的方法、直接比较法和折现现金流量法，其中折现现金流量法是常用的方法。

折现现金流量方法首先预测到一定时间为止的未来逐年的现金流量，其次要估算在这一最后期限公司的持续经营价值，然后将所有预测的现金流量和持续经营价值折现加总得到公司的总价值。

2. 勘探生产业务价值评估方法

价值评估广泛应用于公司或子公司中长期规划方案经济评价中，可较为准确地估算勘探开发业务板块、重点盆地、重点油区在评价时的经营价值，为油气田生产企业中长期生产经营投资决策提供科学依据。在油气上游业务链的优化诸方案中，每个优化方案都有其优化条件和优化情景，通过对每个方案的价值评估可以得到相应方案的投资资本回报率以及价值等关键指标，这些指标（特别是投资资本回报率）是判断方案优劣的重要指标，因此，在可对比的优化方案中，需要进行价值评估，得到投资回报率和价值等指标，根据这些指标，提出进一步的优化方案。价值评估采用折现现金流量法，可对公司或子公司五年规划、公司或子公司生产方案以及调整方案进行经济评价。价值评估方法的基本步骤是预测自由现金流量、计算加权平均资本成本（WACC），同时确定终值，将自由现金流量及终值折现相加得到净现值，即企业价值，然后确定投资资本回报率（图6-13）。

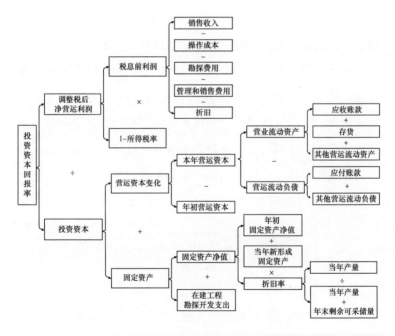

图6-13 投资资本回报率算法流程图

勘探与生产板块的价值评估采用折现现金流量法，评估计算的基本步骤如下：

（1）预测自由现金流量；

（2）计算加权平均资本成本（WACC）；

（3）确定终值；

（4）将自由现金流量及终值折现相加得到净现值，即企业价值。

关键假设：评价期为 10 年。前五年油气产量、储量、投资、成本为计划数据。其中勘探开发投资、操作成本分两种途径计算，一是给定投资、操作费总数，二是给定单位勘探成本、开发成本、操作成本，倒算投资和操作费。销售管理费用、销售税金及附加同样分两种途径计算，一是给定费用或税金总数，二是按照基础年的相应比例（销售税金及附加占销售收入的比例、销售管理费用占销售成本的比例）计算。后五年计算中，油气产量以规划第 5 年的产量为基础按一定综合递减率递减，不再有新增储量和勘探开发投资，操作成本、销售管理费用保持在计划年最后一年的水平，或根据历史变化进行趋势预测。

3. 主要评估指标

价值评估方法计算的指标主要有五个。

（1）投资资本回报率（ROIC）。

投资资本回报率是反映一个投资中心、一个企业，甚至一个行业经营活动的综合性指标，计算公式为：

$$投资资本回报率 = \frac{息税前利润 \times (1 - 所得税率)}{平均固定资产余额 + 平均营运资本}$$

投资资本回报率主要反映公司经营活动中有效利用营运性

资本创造回报的能力，因此投融资活动所利用的资本、创造的收入与支出的相关费用不含在本指标中。通过这项指标，可以在同一个企业不同投资中心之间，或者在同一行业不同企业之间进行比较，从而给出最优投资决策。因此，投资资本回报率是投资导向的最佳指标。投资者可以根据不同企业的投资资本回报率的高低，给出由某一企业转向另一企业、由某一行业转向另一行业的资本转移决策。

（2）净现值（NPV）。

净现值是指特定方案未来现金流入的现值与现金流出的现值之间的差额，反映资产运营总收额的大小，是一个重要的衡量指标。其方法是将净现金流量按折现因子折现为现值，广泛应用于财务管理、投资分析等方面（图6-14）。

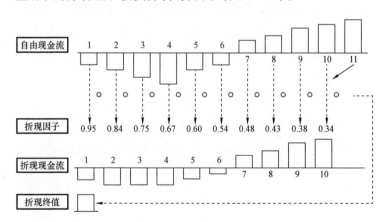

图6-14 现金流算法流程图

净现值计算公式为：

净现值 = $\sum$（自由现金流$_t$ × 折现因子$_t$ + 折现终值）

以该指标衡量时，若净现值大于零，说明企业有利润。若净现值小于零，说明企业存在亏损。净现值越大，说明企业的获利能力越强。净现值越小，说明企业的获利能力越差。

（3）税息前利润。

税息前利润是营业利润与财务费用之和减地质勘探费用，是反映企业经营状况和经营业绩的重要指标。

计算公式为：

税息前利润 = 营业利润 + 财务费用 - 地质勘探费用

营业利润 = 主营业务费用 - （主营业务成本 + 主营业务税金及附加） +
   其他业务利润 - （营业费用 + 管理费用 + 财务费用）

（4）自由现金流。

自由现金流是反映企业在经营活动中创造现金收入能力的重要指标，计算公式为：

自由现金流 = 税息前利润 × （1 - 所得税率） + 折旧、折耗和摊销 -
   资本支出 - 营运资本变化量

资本支出 = 勘探开发及固定资产总投资 - 当期核销的勘探投资 +
   本期增加无形资产 + 本期增加长期待摊费用

营运资本变化量 = 期末营运资本 - 期初营运资本

（5）利润总额。

利润总额是企业在一定期间的经营成果。包括营业利润、投资收益率和营业外收支净额。计算公式为：

利润总额 = 营业利润 + （投资净收益 + 补贴收入 + 营业外收入） -
   （营业外支出 + 勘探费用化支出）

净利润 = 利润总额 − 所得税 − 少数股东收益

4. 价值评估在一体化优化中的应用

油气开发方案价值评估中影响投资回报率的首要因素是油气产量形成的税前利润，因此油气产量预测是油气开发规划方案和价值评估的核心。在一体化优化方法中，每个优化方案都有其优化条件和优化情景，通过对每个方案的价值评估可以得到相应方案的投资资本回报率以及价值等关键指标，这些指标（特别是投资资本回报率）是判断方案优劣的重要指标，因此，在上述可对比的优化方案中，需要进行价值评估，得到投资回报率和价值等指标。根据这些指标，提出进一步的优化方案。例如，投资回报率最大等。

除此之外，在目标优化方法中，如果考虑追求两个目标，例如利润和万吨产量投资，则会得到多个优化方案组合。同样需要进行价值评估，根据投资回报率和价值等指标，确定最终的优化方案。

上述根据价值评估结果再优化的做法，可以根据一年的评价结果，同时考虑多年的评价结果情况，进行总体判断。

第七章　开发方案产量预测与经济效益评价模型

年度计划方案编制和经济效益分析，解决了年度内计划方案投入与产出的经济有效性问题，而没有解决弥补递减的投资（尤其是投入新区块开发的投资）在将来的开发效果与经济效益的问题，这就是本章内容要解决的开发方案产量预测和经济效益评价问题。如果一个油气田能够做到把每年的产能建设投资都控制在有经济效益范围内，就可以使油气田开发的简单再生产与扩大再生产始终处于良性循环，保证油气田开发的长远经济效益。

第一节　开发方案产量预测模型

开发方案产量预测，就是对油气田产能建设项目的产量预测。预测主要依据是试采井动态分析、同类油气藏的开发效果类比等，分析确定目标区块开发后的单井配产、建产规模和产量递减规律（即递减指数与初始递减率），建立产量递减规律表达式，进行开发期分年（或分月）产量预测。预测指标主要包括年初生产能力、年产量和累计产量三项指标，以及由此计算的年产量递减率和年产能递减率等指标。油气产量预测除具有一般预测问题的特征外，还具有一定的特殊性和不确定性。地质条件的复杂性和开发技术的适应性，增加了油气产量预测的变数。因此，要对一个新开发油气田开发方案进行准确的产量预测难度是较大的。

以油田开发为例，假设新区产能建设工作量计划为新建产能 Q_p（$10^4 t/a$），在预测期内的产量预测分为指数递减规律和双曲递减规律加以讨论，而直线递减规律和调和递减规律则可根据双曲递减规律预测公式取 $n = -1$ 和 $n = 1$ 时化简得到。

一、产量预测的基本条件

为了便于理论模型推导，对预测条件作了如下假设：

（1）预测期内的生产井为同一个年度投产的新井，可以是同一个油气藏的新井，也可以是同一油气区的新井；

（2）预测期内的时间单位为"月"，不同年度、不同月度的日历天数相同，即不考虑闰年和长短月；

（3）预测期内的油田生产是连续的，不存在限产等非正常因素影响；

（4）起点生产能力为产能建设完成年度的年末（12 月）正常日产水平；

（5）预测期内的产量递减规律服从广义 Arps 递减理论。

有了以上条件，就可以根据广义 Arps 递减理论建立新区产量预测模型。

二、指数递减规律下的产量预测模型

指数递减规律下的初始递减率和年递减率是不变的常数。

根据产能建设计划或建成生产能力的日产水平为 q_0（折算起点年产能力 $Q_p = 0.0365q_0$ 或 $Q_p = 0.0012Tq_0$），当初始月递减率 d_i 为已知时，在一个完整的开发预测期内，每个月度的日产水平都可以用 q_t—t 关系式来计算。预测期内每个年度的年初生产能力、年产油量和累计产油量预测方法如下。

1. 年初生产能力预测

在指数递减规律下，预测期内每个年度的起点生产能力可以用式（2-3）进行预测计算，即：

第 1 年初：$Q_{p1} = Q_p$

第 2 年初：$Q_{p2} = Q_p e^{-12d_i}$

第 3 年初：$Q_{p3} = Q_p e^{-24d_i}$

$$\vdots \qquad\qquad \vdots$$

第 t 年初：$Q_{pt} = Q_p e^{-12(t-1)d_i}$ （7-1）

式中　Q_p——年生产能力，10^4t/a 或 $10^8 \text{m}^3/\text{a}$，折算方法为"$0.0365q_t$"；

　　　Q_{p1}——第 1 个预测年度的年末生产能力，10^4t/a 或 $10^8 \text{m}^3/\text{a}$；

　　　Q_{p2}——第 2 个预测年度的年末生产能力，10^4t/a 或 $10^8 \text{m}^3/\text{a}$；

　　　Q_{pt}——第 t 个预测年度的年末生产能力，10^4t/a 或 $10^8 \text{m}^3/\text{a}$。

根据 D—d_i 关系式，也可将式（7-1）转换为与年产能递减率的关系式为：

$$Q_{pt} = Q_p (1 - D)^{t-1} \qquad (7-2)$$

式（7-1）和式（7-2）就是预测期内指数递减规律下每个年度起点生产能力与初始月递减率、年递减率的关系式。

2. 年度产量预测

假设每月的日历天数相同，均为 T 天，在指数递减规律下，预测期内每个年度的年产量为：

第 1 年：
$$\begin{aligned}
Q_{a1} &= Tq_0 (e^{-d_i} + e^{-2d_i} + \cdots + e^{-12d_i}) \\
&= \frac{12Tq_0}{12}(e^{-d_i} + e^{-2d_i} + \cdots + e^{-12d_i}) \\
&= \frac{Q_p}{12}(e^{-d_i} + e^{-2d_i} + \cdots + e^{-12d_i}) \\
&= \frac{Q_p}{12}\frac{1 - e^{-12d_i}}{e^{d_i} - 1}
\end{aligned}$$

第 2 年：
$$\begin{aligned}
Q_{a2} &= \frac{Q_p}{12}(e^{-13d_i} + e^{-14d_i} + \cdots + e^{-24d_i}) \\
&= \frac{Q_p}{12}e^{-12d_i}\frac{1 - e^{-12d_i}}{e^{d_i} - 1}
\end{aligned}$$

第 3 年：
$$\begin{aligned}
Q_{a3} &= \frac{Q_p}{12}(e^{-25d_i} + e^{-26d_i} + \cdots + e^{-36d_i}) \\
&= \frac{Q_p}{12}e^{-24d_i}\frac{1 - e^{-12d_i}}{e^{d_i} - 1}
\end{aligned}$$

$\vdots \qquad\qquad \vdots$

第 t 年：$Q_{at} = Q_p \{ e^{-[12(t-1)+1]d_i} + e^{-[12(t-1)+2]d_i} + \cdots + e^{-[12(t-1)+12]d_i} \}$

$$= Q_p e^{-12d_i(t-1)} \frac{1 - e^{-12d_i}}{12(e^{d_i} - 1)} \qquad (7-3)$$

式中 Q_{a1}——第 1 个预测年度的年产油量或年产气量，$10^4 t$ 或 $10^8 m^3$；

         Q_{a2}——第 2 个预测年度的年产油量或年产气量，$10^4 t$ 或 $10^8 m^3$；

         Q_{a3}——第 3 个预测年度的年产油量或年产气量，$10^4 t$ 或 $10^8 m^3$；

         Q_{at}——第 t 个预测年度的年产油量或年产气量，$10^4 t$ 或 $10^8 m^3$。

根据 A—d_i、D—d_i 关系式，转换为与年递减率的关系式为：

$$Q_{at} = Q_p (1 - A)(1 - D)^{t-1} \qquad (7-4)$$

式（7-3）和式（7-4）就是预测期内每个年度的年产量与初始月递减率、年递减率的关系式。

3. 累计产量预测

预测期内的累计产量是每个年度的产量之和，即：

$$N_p = Q_{a1} + Q_{a2} + \cdots + Q_{at}$$

代入分年产油量，整理得：

$$N_p = Q_p \frac{1 - e^{-12td_i}}{12(e^{d_i} - 1)} \qquad (7-5)$$

根据 A—d_i、D—d_i 关系式，转换为与年递减率的关系式为：

$$N_p = Q_p (1 - A) \frac{1 - (1 - D)^t}{D} \qquad (7-6)$$

式（7-5）和式（7-6）就是指数递减规律下计算预测期累计产量的关系式。

式（7-1）至式（7-6）对油田、气田开发都是适用的。

三、双曲递减规律下的产量预测模型

在双曲递减规律下，其月递减率和年递减率都是随着油气田开发时间的延长而逐月变化的。其产量预测模型只能根据 q_t—t 关系来建立，由初始递减率换算的年递减率只是预测期第一年的年递减率。同时，预测期各年的年递减率预测值，则是根据年初生产能力和年产量，用式（2-9）和式（2-10）进行计算的。

当建成年生产能力（Q_p）、递减指数（n）、初始月递减率（d_i）、月日历天数（T）为已知时，则预测期内每个年度的年初生产能力、年产油量和累计产油量预测方法如下。

1. 年初生产能力预测

产能建设计划或建成的新建生产能力（Q_p）就是预测期第一年的起点生产能力，而第一年末的生产能力又是第二年度的起点生产能力，依此类推。在双曲递减规律下，每年 12 月生产能力可以用式（2-2）进行预测计算，即：

第 1 年起点：$Q_{p1} = 0.0365 q_0 (1 + 0nd_i)^{-1/n} = Q_p$

第 2 年起点：$Q_{p2} = 0.0365 q_0 (1 + 12nd_i)^{-1/n} = Q_p (1 + 12nd_i)^{-1/n}$

第 3 年起点：$Q_{p3} = 0.0365 q_0 (1 + 24nd_i)^{-1/n} = Q_p (1 + 24nd_i)^{-1/n}$

$$\vdots \qquad\qquad\qquad \vdots$$

第 t 年起点：$Q_{pt} = Q_p \left[1 + 12 (t-1) nd_i \right]^{-1/n}$ （7-7）

式（7－7）就是双曲递减规律下计算预测期内每个年度起点生产能力的通式。

2. 年度产量预测

根据新建生产能力（Q_p）和 q_t—t 关系式，计算双曲递减规律下分月日产水平。在计算每月日产水平后，年产量（Q_a）则是用分月日产水平与当月日历天数（T）的乘积进行求和计算，即：

第 1 年：

$$Q_{a1} = T(q_1 + q_2 + q_3 + \cdots + q_{12})$$

$$= Tq_0 \big[(1 + nd_i)^{-1/n} + (1 + 2nd_i)^{-1/n} + \cdots + (1 + 12nd_i)^{-1/n} \big]$$

$$= \frac{Q_p}{12} \big[\sum_{j=1}^{12} (1 + jnd_i)^{-1/n} \big]$$

第 2 年：

$$Q_{a2} = T(q_{13} + q_{14} + \cdots + q_{24})$$

$$= Tq_0 \big[(1 + 13nd_i)^{-1/n} + (1 + 14nd_i)^{-1/n} + \cdots +$$

$$(1 + 24nd_i)^{-1/n} \big]$$

$$= \frac{Q_p}{12} \big[\sum_{j=13}^{24} (1 + jnd_i)^{-1/n} \big]$$

$$\vdots \qquad\qquad\qquad \vdots$$

第 t 年：

$$Q_{at} = Tq_0 \big(\{1 + [12(t-1) + 1]nd_i\}^{-1/n} +$$

$$\{1 + [12(t-1) + 2]nd_i\}^{-1/n} + \cdots + (1 + 12tnd_i)^{-1/n} \big)$$

$$= \frac{Q_p}{12} \big[\sum_{j=12t-11}^{12t} (1 + jnd_i)^{-1/n} \big] \qquad\qquad (7-8)$$

式（7-8）就是双曲递减规律下计算预测期内每个年度产油量的通式。

3. 累计产量预测

预测期内的累计产量是每个年度的产量之和，即：

$$N_\text{p} = Q_\text{a1} + Q_\text{a2} + \cdots + Q_\text{at}$$

代入分年产油量，整理得：

$$N_\text{p} = \frac{Q_\text{p}}{12} \Big[\sum_{j=1}^{12t} \left(1 + jnd_i \right)^{-1/n} \Big] \qquad (7-9)$$

式（7-9）就是双曲递减规律下计算预测期内累计产量的通式。

式（7-7）至式（7-9），对油田、气田开发都是适用的。直线递减规律和调和递减规律只是双曲递减在 $n = -1$ 和 $n = 1$ 时的特例，完全可以由双曲递减规律下的预测公式通式来表示，故不再进行单独讨论。

根据试采井分析或同类油藏类比，可以定性确定预测油气田的产量递减规律和预测期第一年的年产量递减率或年产能递减率，利用式（7-7）至式（7-9）的产量预测模型，逐年计算给定产建规模在预测期内的年初生产能力、年产量和累计产量。也可根据具有一定开发历史的生产数据，对开发方案的执行效果和开发指标进行对比检查，达到对开发方案进行开发后评价的目的，以此提高开发方案产量预测的可靠性。

第二节 开发方案投资与费用分析

产能建设项目开发方案经济评价方法和参数按照《石油建设项目经济评价方法与参数》《油气田开发建设项目后评价》和《中国石油天然气集团公司投资项目经济评价参数》(2020)❶ 的规定，采用现金流量法，分项目、油区和股份公司三个层面分别进行[22-23]。

项目的经济评价是基于对油气开发项目计算期内各年的现金收支（现金流入和现金流出）测算，进行项目盈利能力分析。产能建设项目的财务评价是指根据国家和石油行业现行财税制度及中国石油天然气集团有限公司（以下简称集团公司）发布的预测价格体系，分析、计算项目直接投入的费用和产生的效益，编制财务报表，计算评价指标，考察项目的盈利能力、清偿能力及外汇平衡状况，从而判别油气开发项目在财务上的可行性。项目的直接费用是指项目的总投资、生产成本和费用、税金及生产期投资支出；项目的直接效益为生产经营的销售收入。

一、油气开发建设投资估算

油气开发建设项目总投资是指建设和投入运营所需要的全

---

❶ 中国石油天然气集团公司内部资料。

部投资，包括建设投资、建设期利息和流动资金。有别于报批投资，报批总投资包括建设投资、建设期利息和铺底流动资金（表7-1）。在编制油气田开发项目整体开发方案时，应注意项目投资的完整性，即油气田开发项目的总投资应包括勘探投资、开发井投资和地面工程投资。为体现投资的完整性，"沉没成本"列入项目总投资估算表中，但不计入油气田开发总投资。

表7-1　项目总投资估算表

序号	项目名称	估算金额	占总投资比例/%
1	建设投资		
1.1	开发井投资		
1.1.1	钻井工程投资		
1.1.2	采油工程投资		
1.2	地面工程投资		
2	建设期利息		
3	流动资金		
4	铺底流动资金		
5	项目总投资（1+2+3）		
6	项目报批总投资（1+2+4）		

油气开发产能项目建设投资是指项目从建设到投入运营前所需花费的全部资本性支出，按工程内容可划分为开发井工程投资和地面工程投资两部分。建设投资是指达到生产规模的投资，此部分投资计算建设期利息。保持规模稳产的为维持运营投资，不计算利息，按自有资金考虑。

1. 开发井投资估算

（1）开发井投资主要构成。

开发井投资由工程费和其他费用组成。工程费包括钻前工程费、钻井工程费、固井工程费、录井工程费、测井工程费、试气（新井投产）工程费。其他费用是指在工程项目投资中支付的工程费用以外的其他费用，包括设计费、监督费、建设单位管理费等。

（2）开发井投资计算方法。

开发井投资计算方法包括工程量法、工程类比法、指标法、系数法等。工程量法是根据勘探开发方案设计工程量，采用现行计价依据及设备材料价格计算投资。一般要求按工程量法计算的工程费占 60%。工程类比法是根据已完成的同类型井中某项工程实际发生费用为基数进行投资类比估算。指标法是在钻井系统工程中某项目工程量不确定的情况下，利用综合单价指标进行计算投资。系数法是根据已完成相似井中某项工程实际发生费用为基数，利用系数调整后进行计算投资。

在上述计算中，开发井投资计算依据如下 7 个方面的信息：国家、地方政府及中国石油有关政策和规定；钻井系统工程有关技术标准及工艺要求；勘探开发设计方案；已完成同类井相关资料；中国石油发布的钻井系统工程计价依据及各油气田现行计价标准，相关行业和工程所在地区的计价依据及有关规定；设备、材料价格资料；编制估算时所参考的其他资料。

开发井投资估算编制主要包括五个步骤。收集投资估算编制资料，包括有关政策、计价依据、同类井相关资料及价格信息、现场勘查资料等；根据钻采工程方案，编制"不同井型标准井参数表"；根据单井或标准井工程参数、主材价格、相关计价标准，编制"不同井型单井工程费用估算表"；编制"不同井型单井工程费用汇总表"；根据开发方案确定的钻采工作量和不同井型单井投资计算开发井总投资，并计算工程建设其他费用。最后编制"开发井总投资估算表"。

此外，开发方案中利用的探井、评价井投资不计入油气开发建设项目建设投资，但利用老井所发生的大修理费应作为开发井工程投资。例如：老井转注，老井封堵，射孔等费用进入开发井工程投资。在勘探阶段为获得探明储量而发生的勘探投资，按照"成果法"的原则，成功将探井、评价井所花费的费用予以资本化。已利用的探井、评价井投资是已经发生的勘探投资，不包括在开发项目建设投资中，但形成油气资产，在经济评价中需要计提折耗，并在现金流量表中作为建设期第一年的现金流出。

2. 地面工程投资估算

地面工程是指从井口（采油树）以后到商品原油天然气外输为止的全部工程，油田地面工程主体工程包括井场、油井计量、油气集输、油气分离、原油脱水、原油稳定、原油储运、天然气处理、注水等；气田地面建设主体工程包括井场、集气站、增压站、集气总站、集气管网、天然气净化装置、天然气凝液处理装置等。油气田地面配套工程包括：采出水处理、给排水及消防、供电、自动控制、通信、供热及暖通、总图运输和建筑结构、道路、生产维护和仓库、生产管理设施、环境保护、防洪防涝等。地面工程投资包括工程费用、其他费用和预备费。

地面工程投资计算方法主要分为工程量法、指标法和系数法等。投资估算应在地面工程方案初步确定的基础上进行估算，原则上应采用工程量法。

工程量法根据设计专业人员提供的工程量，按照现行的指标、定额以及设备材料价格对项目投资进行估算。安装工程费用估算采用工程量法，根据设计专业人员提供的设备、材料清单以及安装工程量，按照相关价格、指标、定额进行估算。

指标法是在无法提供建设项目的工程量时，利用建设工程投资估算指标、工程所在地的建构筑物综合指标进行投资估算的方法。建筑工程费用估算一般采用综合指标法，根据设计专业提供的工程内容和规模，按照工程所在地建构筑物综合指标进行估算。

估算指标是一种比概算指标更为扩大的单项工程指标或单位工程指标，是以单项工程或单位工程为对象，综合项目建设中的各类成本与费用，具有较强综合性和概括性。

使用估算指标应根据不同地区、不同时期的实际情况进行适当地调整。计算公式为：

$$工程费用 = \sum 工程量 \times 估算指标$$

系数法作为一种辅助的估算方法，在工程量等资料不全的情况下，主要依据大量的统计调查资料和参数，利用系数估算单项工程以及项目工程投资，或参照类似项目，采用综合系数或因子指数进行投资估算的方法。

地面工程投资估算依据包括如下 8 方面信息：国家有关工程建设的政策及规定；中国石油发布的工程计价依据及有关规定，相关行业和工程所在地区的计价依据及有关规定；设备、材料计价的依据和时点；引进设备、材料的询价资料或可供参考的价格资料；建筑工程费、安装工程费取费的依据；利率、汇率等政策性参数和数据；估算编制时所参考的其他资料；可行性研究文件及专业设计人员提供的工程量。

3. 建设期利息的估算

在建设投资分年计划的基础上，根据融资方案，对采用债务融资的油气田开发建设项目应计算建设期利息。

建设期利息是指筹措债务资金时在建设期内发生并按规定允许在投产后计入油气资产原值的利息，即资本化利息。建设期利息包括银行借款和其他债务资金在建设期内发生的利息以及其他融资费用。

油气开发建设项目的建设期利息应统一计算，在开发井工程估算和地面工程投资估算中不必分别计算。估算建设期利息，需要根据项目进度计划，提出建设投资分年计划，列出各年投资额，同时根据不同情况选择名义利率或有效年利率。

对于分期建成投产的油气开发建设项目，各期发生的投资作为项目建设投资的组成部分，应按各期建设时间计算借款费用作为建设期利息予以资本化，计入固定资产原值。为简化计算，假设借款均在每年的年中支用，按半年计息，其后年份按全年计息，一般采用银行借款付息，建设期利息按复利计算。计算公式为：

每年应计利息 =（年初借款本金累计 + 本年借款额 /2）×

有效年利率

4. 流动资金的估算

流动资金是指运营期内长期占用并周转使用的资金，等于流动资产与流动负债的差额，但不包括运营中临时性需要的营运资金。项目经济评价中，流动资产的构成要素通常包括存货、现金、应收账款和预付账款，流动负债的构成要素一般只考虑应付账款和预收账款。

流动资金的估算一般采用分项详细估算法。分项详细估算法是指利用流动资产与流动负债估算项目占用的流动资金。计算公式如下：

流动资金 = 流动资产 − 流动负债

流动资产 = 预付账款 + 存货 + 应收账款 + 现金

流动负债 = 应付账款 + 预收账款

流动资金本年增加额 = 本年流动资金 − 上年流动资金

周转次数 = 360 ÷ 最低周转天数

其中，流动资金的估算首先确定各分项最低周转天数，计算出周转次数。预可行性研究阶段可采用扩大指标估算法，按生产期年经营成本一定比例计算。扩大指标估算法是指参照同类企业或项目流动资金占营业收入或经营成本的比例估算流动资金。

流动资金在投产第一年开始安排，并根据不同的生产运营计划分年进行估算。按照国家有关规定，石油建设项目应有30%的铺底流动资金。由于气田开发建设项目在生产期的产量及操作成本每年都在发生变化，导致所需流动资金每年也都随之变化。如果流动资金本年增加额大于零，在现金流量表中作为现金流出计入流动资金；如果流动资金本年增加额小于零，在现金流量表中作为现金流入计入当年回收流动资金，计算期末回收流动资金余额。

5. 固定资产投资方向调节税

固定资产投资方向调节税是建设项目根据国家固定资产投资方向调节税暂行条例应交纳的税额。固定资产投资方向调节税应列入项目总投资（图7-1），并参与项目的财务评价，但不作为设计、施工及其他取费的基础。固定资产投资方向调节税率根据国家产业政策和项目经济规模实行差别税率。

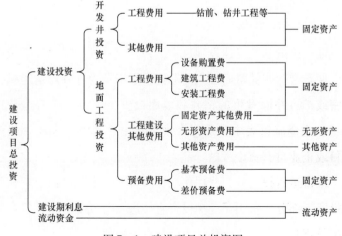

图7-1　建设项目总投资图

6. 项目总投资与资产的关系

根据资本保全原则，当项目建成投入经营时，项目总投资的各项分别形成固定资产、无形资产、其他资产和流动资产。

油气资产是指油气田为生产油气商品而持有的、使用寿命超过一个会计年度的有形资产，投资形成的油气资产原值（扣除建设投资中的增值税）用于计算折耗。

无形资产是指企业拥有或控制的没有实物形态的可辨认非货币性资产；其他资产是指除流动资产、固定资产、无形资产以外的其他资产，投资形成的无形资产和其他资产原值用于计算摊销费用。

开发井工程投资全部形成油气资产。地面工程投资中的无形资产费用形成无形资产，其他资产费用形成其他资产，其余费用（包括预备费）形成油气资产。建设期利息全部形成油气资产。建设投资中的增值税不形成油气资产。流动资金和流动负债共同构成流动资产。

7. 维持运营投资

油气田滚动开发建设项目中，为完成油气产量目标必须在生产期新增探明储量而发生的勘探投资以及为弥补产量递减打加密或扩边井而发生的钻井和地面投资，作为"维持运营投资"在现金流量表中直接列入现金流出，其资金来源一般按项目或企业自有资金考虑。

维持运营投资分为费用化勘探投资、资本化勘探投资和开发投资三部分。费用化勘探投资直接进入总成本费用，资本化勘探投资和开发投资全部计入油气资产原值并计提折耗。

在考虑了利用的探井、评价井投资以及项目营运期投资基础上，加上建设项目总投资，就构成了经济评价总投资（图7-2）。

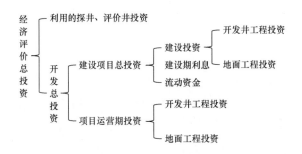

图7-2 经济评价总投资构成图

二、成本与费用估算

油气生产成本指油气生产过程中实际消耗的直接材料、直接工资、其他直接支出和其他生产费用等，包括油气操作成本、折旧、折耗。发生的期间费用包括管理费用、财务费用、销售费用。

生产成本和费用的计算公式为：

$$生产成本和费用 = 油(气)生产成本 + 管理费用 + $$
$$财务费用 + 销售费用$$

根据成本特性和项目经济评价需要，有时需要对项目总成本费用进行分析，计算固定成本和可变成本。固定成本是指不随产品产量变化的各项成本费用。油气开发建设项目固定成本包括直接材料费、测井试井费、直接人员费用、折耗费、维护及修理费、其他直接费、厂矿管理费、摊销费、其他管理费用和财务费用。可变成本是指随产量增减而成正比例变化的各项费用。油气开发建设项目可变成本主要包括直接燃料费、直接动力费、驱油物注入费、井下作业费、稠油热采费、轻烃回收费、油气处理费、天然气净化费、运输费、营业费用、矿产资源补偿费和特别收益金等。

1. 油气生产成本

油气生产成本包括油气操作成本和折旧、折耗。

（1）油气操作成本。

主要指对油水井进行作业、维护及相关设备设施生产运行而发生的成本。操作成本也称作业成本，包括为上述井及相关设备设施的生产运行提供作业的人员费用，作业、修理和维护费用，物料消耗、财产保险、矿区生产管理部门发生的费用等。根据油气开采企业的有关财务规定，油气操作成本包括直接材料费、直接燃料费、直接动力费、直接人员费、驱油物注入费、井下作业费、测井试井费、维护及修理费、稠油热采费、轻烃回收费、油气处理费、天然气净化费、运输费、其他直接费和厂矿管理费等 15 项。按成本项目划分，包括以下内容：

关于操作成本估算，以同类区块的操作为基础，考虑开发区块的位置、开采方式、油藏物性、单井产量等因素，根据项目实际工作量变化，进行项目的成本费用的估算，可按费用的构成采用相关因素法，即根据驱动各项操作成本变动的因素以及相应的费用定额估算操作成本；或采用成本动因法，包括采油井数、总生产井数、产液量、注水量、产油量；或采用费用定额法，根据类似油田或区块实际操作成本进行测算。

（2）折旧、折耗。

折旧、折耗是为了补偿油气资产和除油气资产以外的固定资产在生产过程中的价值损耗，在项目使用寿命期内，将油气资产和固定资产的价值以折耗和折旧的形式列入产品成本中，逐年摊还。

油气资产和固定资产的折旧有两种计算方法。

第一种是采用直线法计算折耗、折旧。按照有关财务制度规定，不同类别油气资产的折耗年限不同。在经济评价中，为简化计算，可根据油气开发建设项目的油气资产结构，确定综合折耗年限。折耗按包含建设期利息的油气资产原值计算，扣除抵扣的增值税。

年折耗、折旧率 ＝（1 − 预计净残值率）／ 折旧年限

年折耗、折旧额 ＝（固定资产 ＋ 建设期利息）× 年折耗、折旧率

按照中国石油财务制度规定油气资产的残值率为 0，其他资产为 3%。油气生产的特点是在确定摊销和折旧率时应考虑估计的拆卸、恢复和废弃井的成本。因此，为简化计算，油气开发建设项目经济评价中，预计净残值为 0。

第二种采用"产量法"计算折旧。根据油气成本核算的改革，将获得商业价值油气储量的成功探井、开发井及地面设施投资支出予以资本化，计提折旧：

年折旧、折耗率 ＝ 当年产油量 ／ 年末剩余经济可采储量

年折旧、折耗费 ＝（固定资产净值 ＋ 当年新形成固定资产）×

年折旧率

$$固定资产净值 = 固定资产原值 - 已提折旧$$

$$当年新形成固定资产 = 当年增加的资本化勘探投资 +$$

$$当年开发投资$$

如果从相同的矿区中生产出了石油和天然气，应以两种矿产的产量为基础对资本化成本进行摊销。

2. 期间费用

（1）管理费用。

管理费用分为摊销费、矿产资源补偿费、石油特别收益金、安全生产费和其他管理费 5 部分。

摊销费：无形资产摊销从开始使用之日起，按十年分期摊销；其他资产摊销自投产之日起，按照五年分期摊销。编制折耗与摊销估算表。

矿产资源补偿费：根据 1994 年 2 月国务院令第 150 号《矿产资源补偿费征收管理规定》，矿产资源补偿费以营业收入为基础计取，计算公式为：

$$矿产资源补偿费 = 油气营业收入 × 补偿费费率 ×$$

$$开采回收率系数$$

石油特别收益金：实行 5 级超额累进从价定率计征，按月计算、按季缴纳。石油特别收益金征收比率按石油开采企业销售原油的月加权平均价格确定。

安全生产费：以石油和天然气产量为计提依据，原油按每吨原油 17 元，天然气按每千立方米原气 5 元提取。

其他管理费：主要是指管理费用中除摊销费、矿产资源补偿费、石油特别收益金和安全生产费以外的部分。根据管理费用的构成和变动规律，其他管理费用以全部定员为基础进行估算。如果没有定员计划，其他管理费以生产井数为基础按单井费用指标计算。

（2）财务费用。

财务费用指项目筹集资金在运营期间所发生的各项费用，包括利息支出和其他财务费用。根据油气开发建设项目的特点，为简化计算，在评价中不计算其他财务费用。运营期间发生的利息支出，包括长期借款、流动资金借款和短期借款的利息净支出。

（3）营业费用。

营业费用是指企业在销售商品和提供劳务过程中发生的各项费用以及专设销售机构的各项经费，包括应由企业负担的运输费、装卸费、包装费、保险费、委托代销手续费、广告费、展览费、销售部门人员工资及福利费、差旅费、办公费、折旧费、修理费、物料消耗和低值易耗品摊销等。财务分析中，营业费用按营业收入的一定比例计算。

3. 勘探费用

勘探费用是指地质调查、地球物理勘探费用，其他物化探和地震费用，以及未发现经济可采储量探井、评价井的费用和成功探井、评价井的无效井段费用。根据有关财务规定，勘探费用列入当期损益。

在油气田滚动开发建设项目中，为完成油气产量目标而必须在生产运营期新增的探明储量所预计发生的勘探投资，其中属于费用化的部分列入勘探费用。

4. 经营成本费用

经营成本指运营期内为生产产品和提供劳务而发生的各种耗费，是财务分析中的主要现金流出。经营成本与融资方案无关。油气开发建设项目经营成本由油气操作成本、矿产资源补偿费、石油特别收益金、其他管理费用和营业费用构成。经营成本费用属经常性支出，何时发生就何时计入，不进行分摊。因此，经营成本费用中不包括一次性支出并已计入现金流出中的投资（折旧、折耗形式回收）、摊销费、借款利息支出等费用，以避免重复计算。计算公式为：

$$经营成本 = 操作成本 + 矿产资源补偿费 + 特别收益金 +$$
$$其他管理费 + 营业费$$

$$经营成本 = 总成本费用 - 折旧费 - 摊销费 - 财务费$$

三、销售收入和利润测算

1. 产品销售收入

产品销售收入是指建设项目通过销售商品取得的收入。销售收入的计算采用含税价进行评价，同时计算不含税销售收入，计算公式如下：

$$年销售收入（含税）= 年油气产量 × 油气商品率 ×$$
$$销售价格（含税）$$

$$年销售收入（不含税）= 年油气产量 × 油气商品率 ×$$
$$销售价格（不含税）$$

油气商品率是油气商品量与油气产量的比率，评价中采用的销售价格为含税价，项目评价中采用的价格目前有政府定价的按照政府定价执行，无政府定价的应采用在分析国内外历史价格的基础上，采用各种预测方法测算的预测出厂价。

2. 销售税金及附加的估算

油气开发项目经济评价涉及的税费主要包括增值税、城市维护建设税、教育费附加、资源税、所得税等。

3. 利润及所得税的计算

（1）利润总额。

在损益表和全部投资现金流量表中，计算利润总额的公式分别为：

利润总额 = 销售收入 - 总成本费用 - 税金及附加

利润总额 = 销售收入 - 经营成本费用 - 税金及附加 -

利息支出 - 折旧折耗

（2）所得税。

根据中华人民共和国所得税暂行条例，国家对一切生产、经营所得和其他所得一律按 25% 的统一税率征收企业所得税。所得税的计算公式如下：

应纳所得税额 = 应纳税所得额 × 所得税率

其中

应纳税所得额 = 利润总额 - 准予扣除项目金额

按照所得税暂行条例规定"纳税人发生年度亏损的，可以用下一纳税年度的所得弥补；下一纳税年度的所得不足弥补的,可以逐年延续弥补,但延续弥补期最长不得超过五年"。因此,当财务评价中出现年度亏损时应注意用下一年的所得予以弥补。

四、财务分析

1. 内部收益率(i)

内部收益率是一项投资可望达到的报酬率,是能使投资项目净现值等于零时的折现率。是在考虑了时间价值的情况下,使一项投资在未来产生的现金流量现值,等于投资成本时的收益率。

$$\mathrm{NPV}(i) = \sum_{t=1}^{n} (\mathrm{CI} - \mathrm{CO})_t \frac{1}{(1+i)^t} = 0 \quad (7-10)$$

式中　NPV——财务净现值;

　　　　CI——现金流入量;

　　　　CO——现金流出量;

　　　　i——财务内部收益率;

　　　　t——时间。

2. 财务净现值

财务净现值(NPV)是指按设定的折现率(一般采用基准收益率 i_c)计算的项目计算期内净现金流量的现值之和。一般情况下,财务分析只计算项目投资财务净现值,可根据需要选择计算所得税前净现值或所得税后净现值。在设定的折现率下计算的财务净现值等于或大于零(NPV ≥ 0),项目方案在财务上是可行的。经济含义是投资项目产生的收益在补偿了包含投资在内的全部费用和获得基准收益率后，还有现值净收益。

$$\text{NPV}(i_c) = \sum_{t=1}^{n} (\text{CI} - \text{CO})_t \frac{1}{(1 + i_c)^t} \qquad (7-11)$$

3. 项目投资回收期

投资回收期（P_t）是指以项目的净收益回收项目投资所需要的时间，一般以年为单位，从项目建设开始年算起；若从项目投产开始年算起的，应予以特别注明。投资回收期短，表明项目投资回收快，抗风险能力强。

$$\sum_{t=1}^{P_t} (\text{CI} - \text{CO})_t = 0 \qquad (7-12)$$

$$P_t = T - 1 + \frac{\text{第}(T-1)\text{年的累计净现金流的绝对值}}{\text{第 } T \text{ 年的净现金流}}$$

$$(7-13)$$

式中　T——各年累计净现金流量首次为正值或零的年数。

第三节　开发方案经济效益评价模型

对于一个新的产能建设项目，根据开发方案产量预测模型，可以计算预测期的分年产量指标。按照《石油建设项目经济评价方法与参数》[22]要求，可以把开发方案产量预测结果与经济效益评价有机结合起来，形成年产量递减率与油价、投资、成本和内部收益率之间的定量关系，这就是开发方案经济

171

效益评价模型。如果弥补递减的投资在评价期内是有效益的，油区开发效益将会越来越好；如果弥补递减的投资在评价期内是无效益的，油区开发效益就会越来越差。

一、预测期投入与产出

开发方案经济极限递减率研究，是建立在产量预测模型基础上的。由于产量预测模型的适应性和宏观控制作用，经济极限递减率也是为开发方案的宏观控制服务的。如果年度开发主要是投入、产出的自有资金平衡，就不存在贷款和利息的问题；但如果是一个新的大油田或油区的开发，则必须考虑贷款和利息问题。

1. 预测期内的原油年销售收入

对于任意一个确定年度，当年产油量已知时，在给定油价下的年度原油销售收入为：

$$\mathrm{INC}_t = Q_{at} R_{me} \frac{P_r}{1 + 0.16}$$

式中 INC_t——年度原油销售收入，10^4元；

$\quad\quad Q_{at}$——开发方案预测的分年产油，10^4t；

$\quad\quad P_r$——市场油价（含税价），元/t；

$\quad\quad R_{me}$——原油商品率；

$\quad\quad$0.16——即原油增值税率16%（天然气按10%收取）。

当油价为不含税价时，预测期分年原油销售收入为：

第 1 年：$\mathrm{INC}_1 = Q_{a1} R_{me} P_r$

第 2 年：$\mathrm{INC}_2 = Q_{a2} R_{me} P_r$

第 3 年：$INC_3 = Q_{a3}R_{me}P_r$

$$\vdots \qquad\qquad \vdots$$

第 t 年：$INC_t = Q_{at}R_{me}P_r$ $\qquad\qquad$ (7 – 14)

2. 勘探开发投资

建设项目评价中的总投资包括建设投资、建设期利息和铺底流动资金及固定资产调节税。建设项目经济评价中应按有关规定将建设投资中的各分项分别形成固定资产原值、无形资产原值和其他资产原值。形成的固定资产原值可用于计算折旧费，形成的无形资产原值和其他资产原值可用于计算摊销费。建设期利息应计入固定资产原值。

建设投资估算应在给定的建设规模、产品方案和工程技术方案的基础上，估算项目建设所需的费用。建设投资可根据项目前期研究各阶段对投资估算精度的要求、行业特点和相关规定，选用相应的投资估算方法。

根据年度计划方案的新井产能建设工作量与动用原油可采储量的采油速度，可以得到当年应动用的原油可采储量。考虑物价变动等因素后，分析预测年度的勘探成本和开发成本。其年度勘探开发投资费用可以表示为：

$$I_{bu} = Q_p \frac{C_{kt} + C_{kf}}{V_{kc}}$$

式中 I_{bu}——勘探开发投资，10^4元；

$\qquad V_{kc}$——原油可采储量年采油速度，%；

$\qquad C_{kt}$——动用可采储量勘探成本，元/t；

$\qquad C_{kf}$——动用可采储量开发成本，元/t。

把式（6-23）代入，有：

$$I_{bu} = Q_p B_p \qquad (7-15)$$

当产能建设投资部分或全部为贷款时，设贷款占总投资比例为 v、贷款期为 x 年、年利率为 y，在等额本金还款方式下，产能建设总成本是自有资金与贷款本息的总和。即：

$$I_{bu} = Q_p B_p [1 + 0.5vy(x+1)] \qquad (7-16)$$

针对不同的贷款还款方式，产能建设总成本会有所差异（详见本章第五节）。

3. 分年油气生产成本费用

这里的吨油生产成本（B_t）与年度计划方案中的完全成本有所不同，它包括操作费用、其间费用（含销售费用、管理费用、财务费用和各种税金等）、勘探费用及弃置费等，与年度计划方案中的生产成本对比，这里的吨油生产成本中少了勘探投资和前期固定资产折旧，同时也没有考虑成本上升因素的影响。在后面经济评价模型推导中，油气销售价格均采用不含税价。

在不考虑成本上升因素的影响下，预测期内的分年油气生产成本费用：

第 1 年：$C_{p1} = Q_{a1} R_{me} B_t$

第 2 年：$C_{p2} = Q_{a2} R_{me} B_t$

第 3 年：$C_{p3} = Q_{a3} R_{me} B_t$

$$\vdots \qquad \vdots$$

第 t 年：$C_{pt} = Q_{at} R_{me} B_t \qquad (7-17)$

式中 C_{pt}——年度原油生产总成本，10^4元；

B_t——吨油综合成本，元/t。

二、指数递减规律下的经济评价模型

根据指数递减规律的特点，在指数递减规律下，不同年度间的年递减率（A、D）是保持不变的。因此，经济极限递减率直接用年递减率（A、D）来表示。

1. 预测期内的年贴现净现金流量

根据石油行业项目经济评价标准，第一年的贴现净现金流量为年销售收入扣除生产成本和产能建设成本（即勘探开发投资），从第二年开始为年销售收入扣除生产成本后再除以（$1 + i$）（i 为项目内部收益率）。其中的年产量是与产量预测模型完全对应的。

故有：

第 1 年：
$$L_1 = Q_{a1}R_{me}(P_r - B_t) - I_{bu}$$
$$= Q_p R_{me}(1 - A)(P_r - B_t) - Q_p B_p$$

第 2 年：
$$L_2 = Q_{a2}R_{me}(P_r - B_t)(1 + i)^{-1}$$
$$= Q_p R_{me}(1 - A)(1 - D)(1 + i)^{-1}(P_r - B_t)$$

第 3 年：
$$L_3 = Q_{a3}R_{me}(P_r - B_t)(1 + i)^{-2}$$
$$= Q_p R_{me}(1 - A)(1 - D)^2(1 + i)^{-2}(P_r - B_t)$$

$$\vdots \qquad \vdots$$

第 t 年：
$$L_t = Q_{at}R_{me}(P_t - B_t)(1 + i)^{-(t-1)}$$
$$= Q_p R_{me}(1 - A)(1 - D)^{t-1}(1 + i)^{-(t-1)}(P_r - B_t)$$

$$(7 - 18)$$

式中　L——贴现净现金流量，10^4 元；

i——项目内部收益率或基准投资收益率,%。

2. 经济极限递减率

在给定的基准投资收益率（即项目设定的最低内部收益率）下，使财务净现值（NPV）为 0 的年产量综合递减率称为经济极限年产量递减率，对应的年产能递减率称为经济极限年产能递减率。

故有：

$$\text{NPV} = \sum_{j=1}^{t} L_j = 0$$

式中　NPV——财务净现值，10^4 元。

将 L_t 和 I_{bu} 代入上式，进行整理后得：

$$1 + \frac{1-D}{1+i} + \frac{(1-D)^2}{(1+i)^2} + \cdots + \frac{(1-D)^{t-1}}{(1+i)^{t-1}}$$

$$= \frac{B_p}{(1-A)(P_r - B_t)R_{me}}$$

式子的左边为等比数列，求和公式为 $S_n = \dfrac{a_1(1-q^n)}{1-q}$。

其中，首项为 $a_1 = 1$，公比 $q = \dfrac{1-D}{1+i}$，并把 $(1-A)$ 从等式的右端移到左端。以此化简上式得：

$$(1-A)\frac{(1+i)^t - (1-D)^t}{(i+D)(1+i)^{t-1}} = \frac{B_p}{(P_r - B_t)R_{me}}$$

$$(7-19)$$

如果把收入项放在等式的左端，把支出项放在等式的右端，就形成了产出与投入的关系式：

$$\frac{(1+i)^t - (1-D)^t}{(i+D)(1+i)^{t-1}} P_r = \frac{1}{(1-A)R_{me}} B_p + \frac{(1+i)^t - (1-D)^t}{(i+D)(1+i)^{t-1}} B_t$$

$$(7-20)$$

当用 d_i 表示时：

$$\frac{1 - e^{-12d_i}}{12(e^{d_i}-1)} \frac{(1+i)^t - e^{-12d_i t}}{(1+i-e^{-12d_i})(1+i)^{t-1}} = \frac{B_p}{(P_r - B_t)R_{me}}$$

$$(7-21)$$

当产能建设投资部分为贷款时，在等额本金还款方式下，式（7-19）变为：

$$(1-A)\frac{(1+i)^t - (1-D)^t}{(i+D)(1+i)^{t-1}} = \frac{B_p[1 + 0.5vy(x+1)]}{(P_r - B_t)R_{me}}$$

$$(7-22)$$

式（7-20）、式（7-21）就是指数递减规律下的开发方案经济效益评价理论模型。在给定各项财务参数下，可以根据基准投资收益率（即内部收益率）计算开发方案的经济极限递减率（A_e 或 D_e），再把 A_e 或 D_e 与开发方案的 A 或 D 做对比，如果前者大于后者，说明开发方案是有效益的，相反就是无效益；也可以根据开发方案的年递减率（A 或 D）计算内部收益率（i），如果内部收益率大于基准投资收益率，说明开发方案有效益，相反就没有效益。式（7-20）直接反映了年递减率与油气销售价格、生产成本、产能建设成本、内部收益率之间的理论联系。

如果考虑成本上升率，式（7-20）变为（推导过程省略）：

$$\frac{(1+i)^t-(1-D)^t}{(i+D)(1+i)^{t-1}}P_r = \frac{1}{(1-A)R_{me}}B_p + \frac{(1+i)^t-(1-D)^t(1+l)^t}{[(i+D)-(1-D)l](1+i)^{t-1}}B_t$$

$$(7-23)$$

对于开发预测期一般为 10 ~ 15 年的情况，式（7-19）至式（7-23）为高次方方程，其求解过程必须依赖计算机程序才能完成。

3. 经济极限递减率图版

根据指数递减规律下的式（7-20）经济评价模型，给定动用可采储量的勘探开发折算成本取 4500 元/t、基准投资收益率为 12%、原油商品率 97% 时，设定原油价格在1700 ~ 5000 元/t 范围取值，吨油经营成本在 800 ~ 2000 元/t 范围取值，可以编制其经济极限递减率关系图版（图7-3），改变勘探开发折算成本等参数，可以编制一系列的相关图版。当方案年产量综合递减率为 8%、原油价格为 2500 元/t、生产经营成本为1200 元/t 时（由于新区的吨油成本不含勘探开发成本折旧，因此比完全成本要低），计算开发方案的投资内部收益率为 14.82% ［图7-3（a）］，基准投资收益率为 12% 下的经济极限年产量递减率为 9.01% ［图7-3（b）］，对应的经济极限年产能递减率为 16.19% ［图7-3（c）］。由于内部收益率大于基准投资收益率、方案预测的年产量递减率小于经济极限年产量递减率，说明新区开发方案有经济效益。

由于经济极限递减率与经济指标为非线性关系，因此图7-3中同一油价下的成本与经济极限递减率关系为曲线。

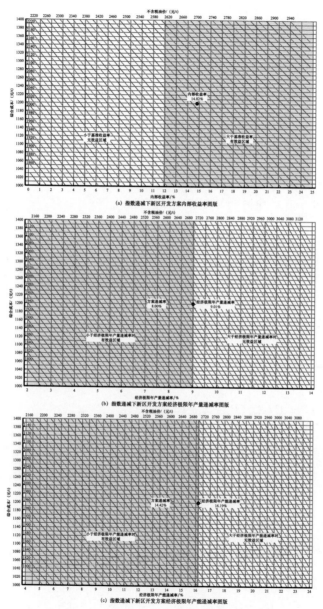

图 7-3　指数递减下经济极限递减率关系图版

三、双曲递减规律下的经济评价模型

根据双曲递减规律的特点，在双曲递减规律下，不同年度的年递减率（A、D）不同，经济极限递减率相关公式的推导只能用初始月递减率来代替，其相应的经济极限年递减率用预测期第一年的年递减率（A_1、D_1）来表示，并由 $A—d_i$ 和 $D—d_i$ 关系式来计算。

1. 预测期内的年贴现净现金流量

$$L_1 = Q_{a1}R_{me}(P_r - B_t) - I_{bu}$$

$$= \frac{Q_p}{12}\left\{\left[\sum_{j=1}^{12}(1 + jnd_i)^{-1/n}\right]R_{me}(P_r - B_t) - 12B_p\right\}$$

$$L_2 = Q_{a2}R_{me}(P_r - B_t)(1 + i)^{-1}$$

$$= \frac{Q_p}{12}\left\{\left[\sum_{j=13}^{24}(1 + jnd_i)^{-1/n}\right]R_{me}(P_r - B_t)(1 + i)^{-1}\right\}$$

$$L_3 = Q_{a3}R_{me}(P_r - B_t)(1 + i)^{-2}$$

$$= \frac{Q_p}{12}\left\{\left[\sum_{j=25}^{36}(1 + jnd_i)^{-1/n}\right]R_{me}(P_r - B_t)(1 + i)^{-2}\right\}$$

$$\vdots \qquad\qquad \vdots$$

$$L_t = Q_{at}R_{me}(P_r - B_t)(1 + i)^{-(t-1)}$$

$$= \frac{Q_p}{12}\left\{\left[\sum_{j=12t-11}^{12t}(1 + jnd_i)^{-1/n}\right]R_{me}(P_r - B_t)(1 + i)^{-(t-1)}\right\}$$

其中，$Q_{a1}—Q_{at}$ 是本章第二节中预测期的分年产量。

2. 经济极限递减率

在给定的基准投资收益率下，使财务净现值（NPV）为 0 时的初始月递减率，即为经济极限初始月递减率，把由经济极限初始月递减率计算的年产量综合递减率称为预测期第一年的经济极限年产量递减率或经济极限年产能递减率。

故有：

$$\text{NPV} = \sum_{j=1}^{t} L_j = 0$$

将 L_t 和 I_{bu} 代入上式，进行整理后得：

$$\left[\sum_{j=1}^{12} (1 + jnd_i)^{-1/n} \right] R_{me} (P_r - B_t) +$$

$$\left[\sum_{j=13}^{24} (1 + jnd_i)^{-1/n} \right] R_{me} (P_r - B_t) (1 + i)^{-1} + \cdots +$$

$$\left[\sum_{j=12t-11}^{12t} (1 + jnd_i)^{-1/n} \right] R_{me} (P_r - B_t) (1 + i)^{-(t-1)} = 12B_p$$

转换表达方式后写为：

$$\left[\sum_{j=1}^{12} (1 + jnd_i)^{-1/n} \right] + \left[\sum_{j=13}^{24} (1 + jnd_i)^{-1/n} \right] (1 + i)^{-1} + \cdots +$$

$$\left[\sum_{j=12t-11}^{12t} (1 + jnd_i)^{-1/n} \right] (1 + i)^{-(t-1)} = \frac{12B_p}{(P_r - B_t) R_{me}}$$

或表示为：

$$\frac{\sum_{j=1}^{12} (1 + jnd_i)^{-1/n}}{(1 + i)^0} + \frac{\sum_{j=13}^{24} (1 + jnd_i)^{-1/n}}{(1 + i)^1} + \frac{\sum_{j=25}^{36} (1 + jnd_i)^{-1/n}}{(1 + i)^2} + \cdots +$$

$$\frac{\sum_{j=12t-11}^{12t} (1 + jnd_i)^{-1/n}}{(1 + i)^{(t-1)}} = \frac{12B_p}{(P_r - B_t) R_{me}} \quad (7 - 24)$$

181

式（7－24）即为广义 Arps 递减理论（－10≤n≤10 且 n≠0）下的开发方案经济效益评价模型的通式，该式直接反映了双曲递减规律下初始递减率与油价、成本、投资和内部收益率之间的定量关系。开发期第一年的年产量递减率、年产能递减率可以根据双曲递减规律 A—d_i、D—d_i 关系式由初始递减率进行换算得到。

令：

$$h_t = \frac{\sum\limits_{j=12t-11}^{12t} (1 + jnd_i)^{-1/n}}{(1 + i)^{(t-1)}} \qquad (7-25)$$

代入式（7－24），并转换为产出与投入的关系式：

$$(h_1 + h_2 + \cdots + h_t)P_r = \frac{12}{R_{me}}B_p + (h_1 + h_2 + \cdots + h_t)B_t$$

$$(7-26)$$

当考虑成本上升率时：

$$(h_1 + h_2 + \cdots + h_t)P_r$$

$$= \frac{12}{R_{me}}B_p + [h_1(1 + l)^0 + h_2(1 + l)^1 + \cdots + h_t(1 + l)^{t-1}]B_t$$

$$(7-27)$$

式中　l——成本上升率，%。

在给定的财务参数下，可以根据开发方案产量预测模型的初始月递减率，代入式（7－25）和式（7－26）计算开发方案的内部收益率，或者根据给定的基准投资收益率计算可开发的经济极限初始递减率，并根据 A—d_i、D—d_i 关系式把初始递减率换算为开发方案的经济极限递减率（A_e 或 D_e）。如果预测期内的内部收益率大于基准投资收益率、或开发方案的年产量综合递减率小于经济极限年产量综合递减率，则新区开发方案有经济效益，相反则没有经济效益。

需要注意的是，双曲递减规律下的月递减率或年递减率都是在逐月或逐年变化的。根据 A—d_i 或 D—d_i 关系式把经济极限初始月递减率（d_i）换算为经济极限年递减率 A_e 或 D_e 时，其有效性是与开发期第一年的年递减率 A 或 D 作比较的。

3. 经济极限递减率图版

根据方案产量预测的递减指数和式（7-25）和式（7-26），给定动用可采储量勘探开发折算成本取 5000 元/t、基准投资收益率为 12%、原油商品率 97% 时，设定原油价格在 1700～5000 元/t 范围取值，吨油经营成本在 800～2000 元/t 范围取值，可以编制其经济极限递减率关系图版（图 7-4），改变勘探开发折算成本等参数，可以编制一系列的相关图版。当方案第一年的年产量综合递减率为 8.5%、预测期 15 年、不含税原油价格为 2800 元/t、生产经营成本为 1300 元/t 时，计算开发方案的投资内部收益率为 17.42%［图 7-4（a）］、经济极限年产量递减率为 10.91%［图 7-4（b）］，对应的经济极限年产能递减率为 19.33%［图 7-4（c）］。由于内部收益率大于基准投资收益率、方案预测的年产量递减率小于经济极限年产量递减率，说明新区开发方案有经济效益。

由于经济极限递减率与经济指标为非线性关系，因此图 7-4 中同一油价下的成本与经济极限递减率关系为曲线。

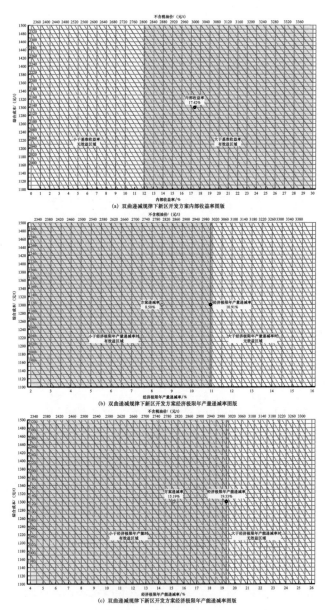

图 7-4　双曲递减下经济极限递减率关系图版

第四节 油气开发建设项目
投资评价与决策

依托产能建设项目经济评价和极限递减率研究结果，进而研究产能项目再投资与不投资对油田开发的影响、投资收益率与年递减率的关系以及投资风险分析等。

一、再投资与原效益（不投资）的关系

项目累计净现金流量示意图如图 7-5 所示，曲线 A、B 代表了新项目的两种投资结果。

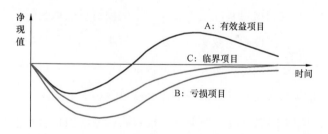

图 7-5 项目净现值图

曲线 A 是有效益的投入，这种投入可以使原来盈利的老区块更加盈利，使亏损的老区块减亏。

曲线 B 是无效益的投入，这种投入使原来有效益的区块降低效益，使原来亏损的区块加大亏损。曲线 B 情况经常出现在一些资源品位差、产量低或投资相对高的项目中。

以"＋"表示盈利，以"－"表示亏损，再投资与原效益关系见表7－2。

表7－2　再投资与原效益关系

原效益	再投资效益	投资结果
＋	＋	增加效益
＋	－	降低效益
－	＋	减亏
－	－	加重亏损

曲线 C 是净现值为 0 的投入，它所体现的是项目收益率正好达到项目设定的基准投资收益率。

显然，油田企业所追求的是再投资项目盈利，至少投资效益要保持在临界效益点以上。经济极限递减率所研究的是在当前财务参数和项目基准投资收益率下的项目可以承受的最大递减率——经济极限递减率。当然，也可根据当前财务参数和不同的方案年递减率，研究项目的内部收益率。只要研究结果的内部收益率大于基准投资收益率，项目就达到了曲线 A 表示的投入；如果内部收益率小于基准投资收益率，项目就是曲线 B 表示的投入。

二、投资收益率与年递减率

根据式（7－22）或式（7－26），当产能建设成本、油气生产成本和油气销售价格一定时，油气田开发项目经济效益的好坏是由年递减率大小决定的。根据新建项目在预测期内的递减规律和初始月递减率（或第 1 年的年递减率），可以用式（7-22）或式（7-26）直接计算预测期的内部收益率，以此研究年递减率与内部收益率之间的效益关系。

以某气田的合作开发为例。在合作方每亿立方米产能建设投资为 1.7 亿元（即1.7 元/m^3）、采气综合成本为 0.12 元/m^3、天然气商品率 95%、评价期为 10 年时，预测不同天然气价格下内部收益率与年产能递减率关系，见表 7-3。

表 7-3 内部收益率与经济极限递减率关系

建设成本/元/m^3	采气成本/元/m^3	评价期/a	不含税气价/元/m^3	内部收益率/%	经济极限年产能递减率 D/%
1.7	0.12	10	0.752	0	28.56
				8	24.00
				12	21.77
1.7	0.12	10	0.890	0	34.05
				8	30.00
				12	28.02

由于该气田属于非常规致密砂岩气藏，在气田实际开发生产过程中，地质条件较好的区块年产能递减率在 20% 左右，而地质条件较差的区块年产能递减率则高达 30%，气田平均年产能递减率在 25% 左右。在不含税气价为 0.752 元/m^3时，地质条件好的区块已经可以获得 8% 以上的投资收益率，地质条件差的区块则经济效益较差，甚至亏损；在不含税气价为 0.89 元/m^3 时，即使地质条件较差的区块，只要其实际建成产能的投资不超，年产能递减率能控制在 30% 以内，就可达到 8% 以上的投资收益率，实现经济有效开发。

当然，对于地质条件较差的区块，开发经济效益差还不仅仅是因为产量递减较快，产能建设效果达不到预期目标也是重要原因。如果以实际建成产能来反算单位产能的投资，则是产能建设实际成本大于投资计划。因此，对于地质条件较差的区块，实际内部收益率比表 7-3 中的预测结果要差。

如果能够根据实际建成产能和投资来反算单位产能的实际成本，并用实际成本和实际年递减率来计算内部收益率，就可以实现对新建产能项目经济效益的定量评价。

三、投资风险分析

表 7-3 简单反映了年产能递减率与内部收益率之间的效益关系。实际上，还可以用式（7-20）或式（7-26）对内部收益率与各个参数之间的变化关系进行敏感性分析，即投资风险分析。

以上述气田开发为例，年产能递减率为 25% 时，预测内部收益率为 15.44%。当某项参数在 -20%~20% 之间变动、其余参数不变时，可以观察到变动参数对内部收益率的影响情况，见表 7-4 和图 7-6。

表 7-4　变动参数对内部收益率风险分析的影响

参数	内部收益率/%								
	-20%	-15%	-10%	-5%	0	5%	10%	15%	20%
气价格	0.75	4.19	7.76	11.51	15.44	19.60	24.00	28.70	33.72
采气生产成本	18.22	17.51	16.81	16.12	15.44	14.76	14.09	13.43	12.77
投资	34.54	28.38	23.31	19.06	15.44	12.31	9.57	7.15	4.99
年递减率	25.62	23.05	20.49	17.95	15.44	12.95	10.47	8.02	5.59

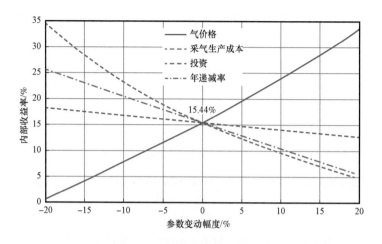

图 7-6 内部收益率敏感性分析

图 7-6 表明，在影响气田开发内部收益率的因素中，第一敏感的是气价，引起的变动幅度最大；第二是投资，投资的增加会使内部收益率快速下降；第三则是开发过程中的年递减率，对内部收益率影响最不敏感的是采气生产成本。所有变动关系曲线都是非线性的。由于内部收益率15.44%点对应年产能递减率是25%，因此，气田地质条件好、年产能递减率小于25%的区块，内部收益率会增加；地质条件差、年产能递减率大于25%的区块，内部收益率会降低。

四、产能建设投资贷款与利息计算

油气田开发建设项目贷款属于固定资产贷款，固定资产贷款利率与还款方式由银行与客户协商确定。本书约定还款方式采取一年还一次方式，既不考虑按月或按季还款，也不计复利。

当勘探开发投资全部或部分为贷款时，设贷款占总产建投资比例为 v、贷款年限为 x 年、年利率为 y，则产能建设总成本是自有资金与贷款本息的总和。

1. 到期一次还本付息

到期一次还本付息方式，适合贷款期限在一年（含一年）以下的短期贷款，经常会采用到期一次还本付息，利随本清。当贷款期为 1 年时，产能建设总成本为：

$$I_{bu} = Q_p B_p (1 + vy) \qquad (7-28)$$

式中　B_p——动用可采储量的勘探开发折算成本，元/t；

　　　v——投资贷款比例，%；

　　　y——贷款年利率，%。

2. 等额本息还款

等额本息还款法，即借款人每年按相等的金额偿还贷款本息，其中每年贷款利息按年初剩余贷款本金计算并逐年结清。

设贷款总额为 E，且 $E = Q_p B_p v$，贷款部分投资每年的还款额为 G，则各个年末所欠银行贷款余额为：

第一年末：$E_1 = E(1+y) - G$

第二年末：$E_2 = E_1(1+y) - G$

　　　　　$= E(1+y)^2 - G[1 + (1+y)]$

第三年末：$E_3 = E_2(1+y) - G$

　　　　　$= E(1+y)^3 - G[1 + (1+y) + (1+y)^2]$

……

由于还款总期数为 x，也即第 x 年末刚好还完银行所有贷款，因此有：

$$E_x = E(1+y)^x - G[1 + (1+y) + (1+x)^2 + \cdots + (1+y)^{x-1}]$$
$$= 0$$

由此求得：

$$G = E\frac{y(1+y)^x}{(1+y)^x - 1}$$

代入 $E = Q_pB_pv$ 后，得每年还款额的计算公式为：

$$G = Q_pB_pv\frac{y(1+y)^x}{(1+y)^x - 1}$$

这时的产能建设总成本为：

$$I_{bu} = Q_pB_p(1-v) + Q_pB_pvx\frac{y(1+y)^x}{(1+y)^x - 1}$$

即：

$$I_{bu} = Q_pB_p[1 - v + vx\frac{y(1+y)^x}{(1+y)^x - 1}] \qquad (7-29)$$

式（7-29）就是等额本息还款方式下的产能建设总成本。

3. 等额本金还款

等额本金还款法是指借款方将本金平均分摊到每个年度内归还，同时付清上一还款日至本次还款日之间的年利息。因此，贷款部分投资的每年还款额（G）为：

第 1 年：$G_1 = \dfrac{Q_pB_pv}{x} + Q_pB_pvy = Q_pB_pv\left(\dfrac{1}{x} + y\right)$

第 2 年：$G_2 = \dfrac{Q_p B_p v}{x} + \left(Q_p B_p v - \dfrac{Q_p B_p v}{x}\right)y$

$\qquad = Q_p B_p v\left(\dfrac{1}{x} + y - \dfrac{y}{x}\right)$

第 3 年：$G_3 = \dfrac{Q_p B_p v}{x} + \left(Q_p B_p v - \dfrac{2Q_p B_p v}{x}\right)y$

$\qquad = Q_p B_p v\left(\dfrac{1}{x} + y - 2\dfrac{y}{x}\right)$

$\qquad\qquad \vdots \qquad\qquad\qquad\qquad\qquad \vdots$

第 x 年：$G_x = \dfrac{Q_p B_p v}{x} + \left[Q_p B_p v - (x-1)\dfrac{Q_p B_p v}{x}\right]y$

$\qquad = Q_p B_p v\left[\dfrac{1}{x} + y - (x-1)\dfrac{y}{x}\right]$

则贷款期内的本息总和为：

$$\sum G_x = Q_p B_p v\left[\left(\dfrac{1}{x} + y\right)x - (1 + 2 + \cdots + x - 1)\dfrac{y}{x}\right]$$

$$= Q_p B_p v(1 + 0.5xy + 0.5y)$$

这时的产能建设总成本为：

$$I_{bu} = Q_p B_p(1 - v) + Q_p B_p v(1 + 0.5xy + 0.5y)$$

整理后有：

$$I_{bu} = Q_p B_p[1 + 0.5vy(x + 1)] \qquad (7 - 30)$$

式（7 - 30）就是等额本金还款方式下的产能建设总成本。

针对不同的贷款还款方式，可以用式（7 - 28）至式（7 - 30）对产能建设总成本进行代换。

第五节　油气产能建设项目后评价方法

油气产能建设项目后评价是投资项目管理过程中不可或缺的重要环节，是对已完成项目的目标决策、执行过程、管理、开发效果和影响等方面进行系统、客观分析的基础上，评价项目实施是否合理有效、项目的目标是否达到、效益指标是否实现；同时也为项目实施运营过程中出现的问题提出改进建议，从而达到提高投资决策质量和投资效益的目的。主要包括投资和执行评价、盈利和风险分析等[22]。

后评价的对比基础是项目开发方案，评价的内容是单井配产、建成产能、单井累计产量、年递减率指标是否达到开发方案预期、经济效益指标能否实现等。有了上述不同递减规律下的产量预测和经济评价模型，就可以形成一套对产能建设效果和经济效益进行再评价的方法。

一、初始月递减率与初始年递减率的关系

产能建设项目后评价一般是在油气井生产一段时间或数年后进行的评价，也可以是对任意历史年度投产井进行的产量递减分析。如果油气井的生产历史较短，一般采用 1 月 1 点的月度数据做递减分析；如果油气井的生产历史较长，为数年或十几年，则通常会采用 1 年 1 点的年度数据来做递减分析。在第四章中，已经建立了初始月递减率与年递减率的关系式，但当

193

遇到以"a"为时间单位做递减分析时，就需要把初始年递减率换算为初始月递减率，再根据初始月递减率计算阶段年递减率。这就需要建立初始月递减率与初始年递减率之间的换算关系。

1. 指数递减规律

在分别以"mon""a"为时间单位时，分析阶段各个年度的年生产能力（Q_p）是相同的，且有起点生产能力 $Q_p = 0.0365q_0$。为了区别这两种时间单位制下的初始递减率，设初始月递减率为 d_{mi}，初始年递减率为 d_{ai}。并且，它们都属于瞬时递减率。

在时间单位为"mon"时，每个年度的年初生产能力预测公式为式（7–1），即：

$$Q_{pt} = Q_p e^{-12(t-1)d_{mi}}$$

其中：$t = 1, 2, 3, \cdots$，单位为 a。

在时间单位为"a"时，每个年度的年初生产能力预测公式为：

第 1 年：$Q_{p1} = Q_p$

第 2 年：$Q_{p2} = Q_p e^{-d_{ai}}$

第 3 年：$Q_{p3} = Q_p e^{-2d_{ai}}$

  ⋮   ⋮

第 t 年：$Q_{pt} = Q_p e^{-(t-1)d_{ai}}$

由于两种单位制下计算的每年初生产能力是相等的，即：

$$Q_p e^{-12(t-1)d_{mi}} = Q_p e^{-(t-1)d_{ai}}$$

故有：

$$d_{ai} = 12d_{mi}$$

也就是说，指数递减规律下初始年递减率是初始月递减率的 12 倍。

2. 双曲递减规律

在时间单位为"mon"时，每个年度的年初生产能力预测公式为式（7-7），即：

$$Q_{pt} = Q_p \left[1 + 12(t-1)nd_{mi} \right]^{-1/n}$$

在时间单位为"a"时，每个年度的年初生产能力预测公式为：

第 1 年：$Q_{p1} = Q_p$

第 2 年：$Q_{p2} = Q_p(1 + nd_{ai})^{-1/n}$

第 3 年：$Q_{p3} = Q_p(1 + 2nd_{ai})^{-1/n}$

$\vdots \qquad\qquad \vdots$

第 t 年：$Q_{pt} = Q_p \left[1 + (t-1)nd_{ai} \right]^{-1/n}$

由于两种单位制下计算的每年初生产能力是相同的，即：

$$Q_p \left[1 + 12(t-1)nd_{mi} \right]^{-1/n} = Q_p \left[1 + (t-1)nd_{ai} \right]^{-1/n}$$

故有：

$$d_{ai} = 12d_{mi} \qquad\qquad (7-31)$$

式（7-31）与指数递减规律下的表达式完全相同。也就是说，初始年递减率与初始月递减率的比值在不同递减规律下为常数，均为 12。这就解决了采用 1 年 1 个数据点进行产量递减分析时，把初始年递减率换算为初始月递减率、进而计算预测期第一年的年产量递减率和年产能递减率指标问题，实现了不同时间单位制下瞬时初始递减率之间的相互换算。

由于年初生产能力是上年度 12 月日产水平折算的年生产能力，也即上年度的年末生产能力，因此，在以"a"为时间单位时，把每个年度的年初生产能力与年末生产能力代入式（2-9）就可以直接计算年产能递减率（D），把每个年度的年初生产能力和年产量代入式（2-10）就可以直接计算年产量递减率（A）。

二、年产量递减与年产能力的关系

在实际开发分析中，经常用到以"a"为时间单位进行的产量递减分析和产量预测，每个数据点的产量都是年产量。这时，如何根据年产量曲线分析计算年产能力和年递减率呢？

假设产能建设在年末建成的正常日产水平（即日产能力）为 $1000t/d$，折算年产能力为 $36.5 \times 10^4 t/a$，递减指数 $n = 0.5$，初始月递减率 $d_i = 2.1\%$，建立 $q_t—t$ 关系式为：

$$q_t = 1000 \times (1 + 0.5 \times 0.021t)^{-2}$$

其中：$t = 1, 2, 3, \cdots$，单位为 mon。

以此可以计算预测期分月日产水平、月产油、年初年末生产能力和年产油，然后在相同坐标下将计算所得的年产能力和年产油分别绘制成年产能曲线和年产量曲线，这时，只要把年产能曲线的第一个年产能力数据点放在时间刻度为 0 的位置上、把第一个年度产量数据点放在时间刻度为 0.5 的位置上，以此类推，结果两条曲线基本上是完全重合的（图 7-7）。

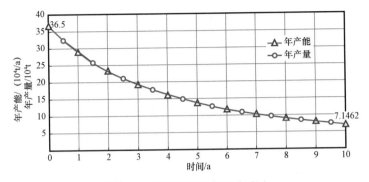

图 7-7 年产能与年产量关系图

由于初始年递减率是初始月递减率的 12 倍，得到初始年递减率为 25.2%，据此可以建立时间单位为"a"时的 Q_p—t 关系式：

$$Q_{\mathrm{p}t} = 36.5 \times [1 + 0.5 \times 0.252(t - 1)]^{-2}$$

其中：$t = 1$，2，3，…，单位为 a。

用 $Q_{\mathrm{p}t}$—t 关系式计算的年初生产能力与 q_t—t 关系式计算的 12 月日产水平折算的年初生产能力是完全一样的。那么，是否可以用 $Q_{\mathrm{p}t}$—t 关系式直接计算预测期的年产油呢？表 7-5 中列出了这两种计算结果的对比。

从表 7-5 中数据看，在 10 年预测期内，用 $Q_{\mathrm{p}t}$—t 关系计算的年产油比用 q_t—t 关系计算的年产油多 9338t，分析其原因是月度天数不同和上半年日历天数比下半年少造成，但二者的误差仅为 0.58%。换句话说，如果用实际的年产量曲线来回归分析起点年产能力，也会同样比实际的产能要略低约 0.5%，这个误差可以说是非常小的。同时，略微偏低的起点年生产能力，不会对后期年度生产造成不利影响。分析认为，用年产量曲线来回归分析起点年产能力的方法是可行的。

表7－5 不同时间单位对预测年产量的影响分析表

预测期/a	1	2	3	4	5	6	7	8	9	10	11	合计
年初产能/10⁴t/a	36.5000	28.7883	23.2854	19.2218	16.1360	13.7378	11.8371	10.3051	9.0524	8.0150	7.1462	
q_t—t计算/10⁴t/a	32.0792	25.6509	20.9788	17.4767	14.7839	12.6690	10.9776	9.6037	8.4726	7.5302		160.2226
Q_{pt}—t计算/10⁴t/a	32.3018	25.8184	21.1077	17.5778	14.8647	12.7344	11.0313	9.6484	8.5101	7.5619		161.1564

用年产量来回归分析起点年产能力时，必须把每个年度产量对应的时间刻度前移半个刻度值（即第 1 年产量点对应时间刻度为 0.5），这时回归分析表达式中的 Q_0 就是预测期的起点年产能力 Q_p。这个表达式既是年产能力与时间关系式，又是年产量与时间关系式。$(t-1)$ 时计算的是年产能力，$(t-0.5)$ 时计算的是年产量。其计算通式为：

年产能力：

$$Q_{pt} = Q_p[1 + nd_{ai}(t-1)]^{-1/n} \qquad (7-32)$$

其中：$t = 1，2，3，\cdots$，单位为 a。

年产量：

$$Q_{at} = Q_p[1 + nd_{ai}(t-0.5)]^{-1/n} \qquad (7-33)$$

其中：$t = 1，2，3，\cdots$，单位为 a。

每个年度的年产能递减率可以根据年初生产能力和年末生产能力用式（2-9）直接计算，年产量递减率可以根据年产量和年初生产能力用式（2-10）直接计算。这样就解决了用年产量曲线回归分析起点年产能力和计算阶段年递减率问题，使产量预测计算更加灵活、简单快捷。

三、项目开发效果和经济效益评价

1. 运用月度产量数据进行再评价

以某致密气田开发为例，开发方案设计产能建设投资为 1.7×10^8 元/（$10^8\,\mathrm{m}^3$）、平均单井累计产气 $2200 \times 10^4\,\mathrm{m}^3$、天然气生产成本为 150 元/$10^3\,\mathrm{m}^3$、不含税气价为 800 元/$10^3\,\mathrm{m}^3$、项目基准投资收益率为 12%。

该气田某区块2007年投产气井80口，回归分析复相关系数0.9067，递减指数0.3，初始月递减率2.2278%，第一年产量递减率12.91%、年产能递减率22.68%，预测有效开发期17年（已到废弃产量），平均单井累计产气$2407 \times 10^4 m^3$。经济评价内部收益率为23.28%，经济极限年产量递减率为17.44%，经济极限年产能递减率为30.07%。其开发效果与经济效益均实现了开发方案预期，这是比较好的区块评价情况（图7-8至图7-11）。

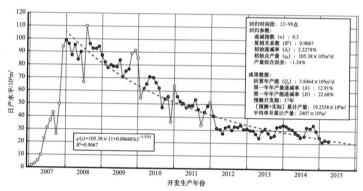

图7-8　2007年80口投产井日产气量曲线

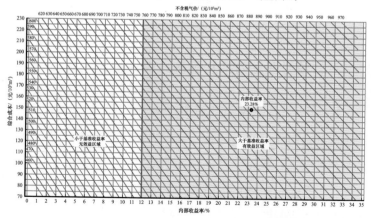

图7-9　2007年80口投产井内部收益率图版

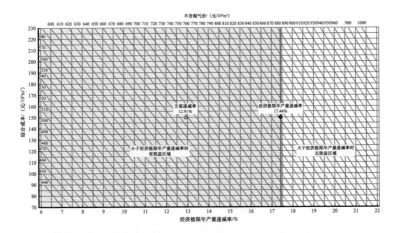

图 7 - 10　2007 年 80 口投产井经济极限年产量递减率图版

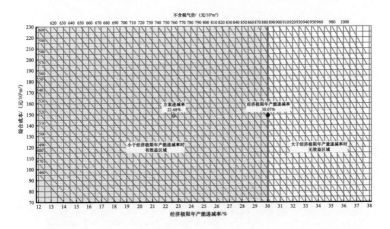

图 7 - 11　2007 年 80 口投产井经济极限年产能递减率图版

　　同样是该气田另一区块 2007 年投产气井 99 口，回归分析复相关系数 0.9093，递减指数 1.15，初始月递减率 8.4243%，第一年产量递减率 32.19%、年产能递减率 48.86%，预测有效开发期 18 年（已到废弃产量），平均单井累计产气 $1672 \times 10^4 \mathrm{m}^3$。

经济评价内部收益率为 5.43%，经济极限年产量递减率为 25.28%，经济极限年产能递减率为 40.03%。其开发效果与经济效益均未达到开发方案预期（图 7 – 12 至图 7 – 15）。

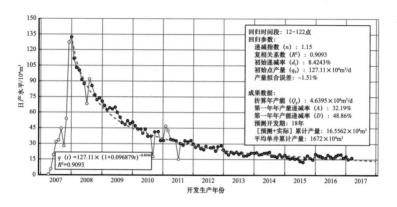

图 7 – 12　2007 年 99 口投产井日产气量曲线

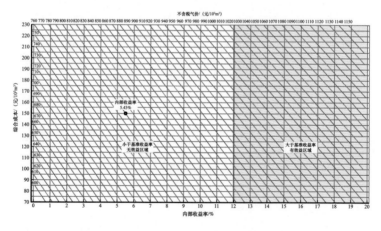

图 7 – 13　2007 年 99 口投产井内部收益率图版

如果照此方法把每年的投产井都进行开发效果分析和经济效益评价，就可以实现对整个开发方案的再评价、再认识。

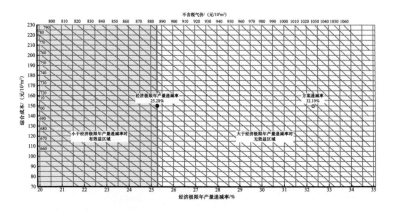

图 7 - 14　2007 年 99 口投产井经济极限年产量递减率图版

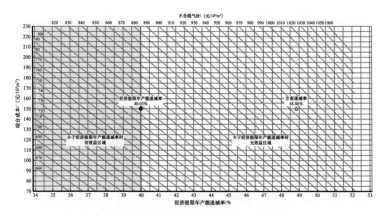

图 7 - 15　2007 年 99 口投产井经济极限年产能递减率图版

2. 运用年度数据进行再评价

前述示例是运用月度生产数据进行开发效果再评价。如果一个产能建设项目开发年限已经较长，这时，不但可以用月度产量数据进行再评价，还可以直接用年度产量数据进行开发效果再评价。

某油区 2000 年投产油井 222 口，其年产量曲线如图 7 – 16 所示，回归相关系数为 0.9915，递减指数 1.15，初始年递减率 43.46%，第一年产量递减率 17.93%、年产能递减率 29.68%，预测有效开发期 183 年（已到废弃产量），平均单井累计产油 32041t，开发效果较差。

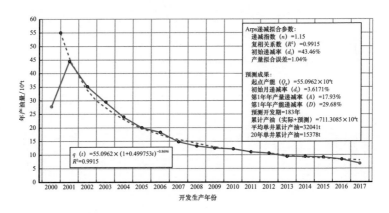

图 7 – 16　某油区 2000 年 222 口投产井年产量曲线图

（生产期：2000 年 1 月至 2017 年 10 月）

由于缺乏详细的投资、成本等财务数据，不能进行经济效益分析和经济极限递减率计算，但其评价方法与图 7 – 13 至图 7 – 15 所示方法是完全相同的。

参考文献

［1］ Arps J J. Analysis of decline curve ［M］. TransAIME, 1945.

［2］ 陈元千. 油气藏工程计算方法 ［M］. 北京: 石油工业出版社, 1990.

［3］ 陈元千. 实用油气藏工程方法 ［M］. 北京: 石油工业出版社, 1998.

［4］ 翁文波. 预测论基础 ［M］. 北京: 石油工业出版社, 1984.

［5］ 赵旭东. 油田产量与最终可采储量的预测方法介绍 ［J］. 石油勘探与开发, 1986, 13 （2）: 72 - 78.

［6］ 俞启泰. 油田开发论文集 ［M］. 北京: 石油工业出版社, 1999.

［7］ 朱亚东. 关于油气藏产量和可采储量预测的数学模型法 ［J］. 古潜山, 2000 （1）.

［8］ 陈元千. 油气藏工程实用方法 ［M］. 北京: 石油工业出版社, 1999.

［9］ 孙贺东. 油气井现代产量递减分析方法及应用 ［M］. 北京: 石油工业出版社, 2013.

［10］ FETKOVICH M J. Decline curve analysis using type curves ［J］. Journal of Petroleum Technology, 1980, 32 （6）: 1065 - 1077.

［11］ BLASINGAME T A, JOHNSTON J L, LEE W J. Type - Curve analysis using the pressure integral method ［R］. SPE 18799, 1989.

［12］ 李文科. 月、季、年度配产中递减余率的研究 ［J］. 石油勘探与

开发, 1989 (5).

[13] 熊敏, 李光. 油田配产中年递减率与月递减率相互关系研究 [J]. 石油勘探与开发, 1994, 21 (2): 62 – 65.

[14] 熊敏, 刘中云. 调和递减下年递减率与月递减率关系式的推导及应用 [J]. 石油学报, 1995, 16 (4): 112 – 117.

[15] 张宗达, 邓维佳, 胡海燕. 油田现行的产量递减率计算方法及分析 [J]. 西南石油学院学报, 1998, 20 (2): 61 – 65.

[16] 张宗达. 实用新型年度配产方法及其应用 [J]. 古潜山, 2002 (3).

[17] 张宗达. 油田产量递减率方法及应用 [M]. 2 版. 北京: 石油工业出版社, 2015.

[18] 陈劲松, 年静波, 韩洪宝, 等. 改进 Arps 递减模型早期产量预测再认识 [J]. 非常规油气, 2019, 6 (1): 75 – 80.

[19] 袁庆峰, 陈鲁含, 任玉林. 油田开发规划方案编制方法 [M]. 北京: 石油工业出版社, 2005.

[20] 常毓文, 等. 油气开发战略规划理论与实践 [M]. 北京: 石油工业出版社, 2010.

[21] 曲德斌, 李丰, 等. 油气开发规划优化方法及应用 [M]. 北京: 石油工业出版社, 2012.

[22] 中国石油规划总院, 住房和城乡建设部标准定额研究所. 石油建设项目经济评价方法与参数 [M]. 北京: 中国计划出版社, 2010.

[23] 中国石油天然气股份有限公司. 油气田开发建设项目后评价 [M]. 北京: 石油工业出版社, 2005.